季　冰　林上炎　著

南方滨海区水资源优化配置研究

暨南大学出版社
JINAN UNIVERSITY PRESS

中国·广州

图书在版编目（CIP）数据

南方滨海区水资源优化配置研究／季冰，林上炎著. —广州：暨南大学出版社，2015. 3
ISBN 978 -7 -5668 -1256 -8

Ⅰ.①南… Ⅱ.①季…②林… Ⅲ.①海滨—水资源管理—资源配置—优化配置—研究—东莞市 Ⅳ.①TV213.4

中国版本图书馆 CIP 数据核字（2014）第 252066 号

出版发行：暨南大学出版社

地　址：中国广州暨南大学
电　话：总编室（8620）85221601
营销部（8620）85225284　85228291　85228292（邮购）
传　真：（8620）85221583（办公室）　85223774（营销部）
邮　编：510630
网　址：http：//www.jnupress.com　http：//press.jnu.edu.cn

排　版：广州良弓广告有限公司
印　刷：佛山市浩文彩色印刷有限公司

开　本：787mm×1092mm　1/16
印　张：7.25
字　数：135 千
版　次：2015 年 3 月第 1 版
印　次：2015 年 3 月第 1 次

定　价：23.00 元

前　言

水资源是保障人类经济社会发展不可或缺、不可替代的基础性的自然资源和战略性的经济资源。随着经济社会的不断发展，淡水资源的需求量大幅度增加，同时产生用水浪费严重以及水环境污染等问题，使淡水资源的供需矛盾日益突出。水资源短缺制约着社会经济的发展，破坏了生态系统的稳定，甚至引起地区间的冲突。解决水资源短缺必不可少的途径，就是遵循合理、公平和可持续发展原则，优化配置有限的水资源。水资源优化配置是指在一个特定流域或区域内工程与非工程措施并举，对有限的不同形式的水资源进行科学合理的分配，其目的是实现水资源的可持续利用，保证社会经济、资源、生态环境的协调发展，使有限的水资源得到合理充分的利用，为区域生产、生活、生态等提供可靠的水源，以获得最好的综合效益，包括经济效益、生态环境效益和社会效益等多种目标。

目前我国水资源优化配置研究的理论与实践主要集中在北方水资源极度匮乏、缺水普遍且严重的流域或区域，要解决的是河流断流、沙漠化等极度的水资源危机问题，其经典结论和思维模式带有浓厚的区域特征。而我国南方滨海地区降雨丰沛，极易出现洪涝灾害，因此对于水资源充沛的南方地区来说，其防洪方面的研究较多，水资源优化配置的研究成果则相对较少。但是在水量充沛的地区，往往存在因水资源的不合理利用而造成的水环境污染破坏和水资源严重浪费的现象，因此必须予以高度重视。随着社会经济的发展和对水资源开发利用范围与深度的不断强化，很有必要构建具有南方滨海区特色水资源配置的理论与方法，着力研究和解决新时期南方城市水资源的开发、利用、配置、节约、保护与治理等问题。

水资源优化配置是一个经济效益、生态环境效益和社会效益等多目标优化问题。由于水资源优化配置的多目标性，运用传统的规划方法难以解决好这类问题，而智能算法中的遗传算法（GA）具有处理目标函数的间断性及多峰型性等复杂问题的能力，这增强了遗传算法在多目标搜索和优化问题方面潜在的有效性。遗传算法作用于整个种群，同时又强调个体的整合，因此遗传算法是解决多目标优化的有效方法。

本书以南方滨海区典型区域——东江流域下游东莞市为研究区域，探究南方滨海区水资源优化配置的思路与对策、建立适用于该区域的水资源优化配置模型，探求区域水资源系统多目标优化配置模型求解方法，并通过建立该区域多水源、多用户、多目标水资源优化配置模型，以实现优化配置区域的水资源。针对区域水资源优化配置模型大系统多目标优化的问题，本书将多目标遗传算法引入到水资源优化配置中，通过对算法编码、遗传算子、惩罚函数等的改进，使算法适应复杂的水资源优化配置系统。研究成果主要包括：强化节水，构建多水源联合调度系统的南方滨海区水资源优化配置思路与对策；在区域水资源系统分析的基础上建立了适用于南方滨海区的多水源性、多用户性、多目标性、多层次性、多时段性特征的多目标、多约束的水资源优化配置模型；提出基于权重系数的多目标遗传算法，为区域水资源优化配置提供了一种新方法。

本书研究以东莞市规划水平年2020年的不同来水保证率（$P=50\%$、$P=75\%$、$P=95\%$）的供需水情况为依据，拟定模型参数，运行已编制的微机程序，求得东莞市水资源优化配置成果，并对成果进行了缺水量分析、目标分析、适用性分析。有关综合分析表明：其模型与方法是有效的、可行的，成果是合理的。优化配置模型与研究成果，可为东莞市水资源开发、利用、保护与管理提供决策依据，而且对促进南方滨海地区的水资源优化配置也具有一定的指导意义。

本书研究过程中得到了东莞市水务局、中水珠江规划勘测设计有限公司（原水利部珠江水利委员会勘测设计研究院）、中山大学等单位领导和专家的大力支持和帮助，同时得到范锦春教授、陶谨博士以及江涛博士等专家的指导，笔者在此一并表示衷心的感谢。

受时间和水平所限，笔者对水资源优化配置和遗传算法的认知有待深入，书中不当之处，敬请读者赐教指正。

编　者

2014年12月

目　录

第一章　绪　论

一、问题的提出

（一）水资源的定义和内涵

“水资源”一词由来已久，随着时代的进步其内涵也在不断地丰富和发展，但由于人们对水资源的认识程度和角度的不同，水资源的确切定义至今未有统一定论。

1894 年，美国地质调查局采用“水资源”这一概念，并设立了水资源处，开展对江河径流和地下水的观测。此后随着时代的发展，水资源的研究范围得以不断拓展，水资源的概念及内涵也在不断地丰富。

英国《不列颠简明百科全书》对水资源的定义是“地球上各种形态（气态、液态或固态）的自然水”，这一定义中的“水资源”具有十分广泛的含义，其本质特性体现在“可利用性”上。1963 年，英国通过了《水资源法》，该法对水资源的定义是“具有足够数量的可用水”，这一定义强调了水资源在数量上的可利用性，比《不列颠简明百科全书》的定义更为明确。

联合国教科文组织（UNESCO）和世界气象组织（WNO）对水资源的定义为：“作为资源的水应当是可供利用或有可能被利用，具有足够数量和可用质量，并可适合对某地为对水的需求而能长期供应的水源。”这一定义比英国《水资源法》中水资源的定义具有更为明确的含义，不仅考虑水的数量，同时强调水资源必须具备质量的可利用性。

国内对水资源的定义也有不同的表述。1988 年，《中华人民共和国水法》中水资源被定义为“地表水和地下水”；1992 年出版的《中国大百科全书》的水利卷中，水资源被认为是“自然界各种形态（气态、固态或液态）的天然水，并将可供人类利用的水资源作为供评价的水资源”。2002 年《中华人民共和国水法》对水资源的表述是“本法所称水资源，是指地表水和地下水”。

导致对水资源的概念和内涵产生不一致的认识和理解的主要原因在于：水资源的概念既简单又复杂。而其复杂的内涵通常表现在：水的类型繁多，具有运动性，各种水体具有相互转化的特性；水的用途广泛，各种用途对其量和质均有不同的要求；水资源所包含的“量”和“质”在一定条件下可以改变；更为重要的是，水资源的开发利用受经济技术、社会和环境条件的制约。因此，人们从不同角度认识水资源，造成对水资源一词理解的不一致及认识的差异性。目前，关于水资源普遍认可的概念可以理解为：水资源是人类在长期生存、生活和生产活动中所需要的具有数量要求和质量前提的水量，包括使用价值和经济价值。一般认为水资源概念具有广义和狭义之分。广义的水资源是指自然界一切形态的可为人类所利用的天然水；狭义的水资源是指在一定经济技术条件和生态环境约束下，可供人类直接或间接利用和维持生态系统健康的水。

综上所述，可以得出对水资源内涵的几点认识：

（1）作为资源的水应具有数量和质量的统一性；

（2）作为资源的水应具有满足某区域经济社会发展和生态环境对其需求的一定保证程度；

（3）作为资源的水具有不可替代性；

（4）作为资源的水仅仅包含可以被人们利用的自然界的部分水体；

（5）水资源很容易被污染，水环境具有脆弱性。

（二）水资源优化配置问题的提出

水是生命之源，是人类赖以生存和发展的重要资源，孕育和维持着地球上的生命；水也是保障人类经济社会发展不可或缺、不可替代的基础性的自然资源和战略性的经济资源。正如《二十一世纪议程》中指出：“水不仅为维持地球和一切生命所必须，而且对一切社会经济部门都具有生死攸关的重要意义。”① 而如今，水资源问题已成为全世界面临的重大问题。

20 世纪 50 年代以来，随着人口的急剧增长和经济的飞速发展，水资源的需求量大幅度增加。与此同时，用水严重浪费、水资源开发利用不合理以及水环境污染等问题，使世界有限的淡水资源的供需矛盾更为突出，淡水资源受到的压力也越来越大。据联合国公布的数据，全球用水量在 20 世纪增加了 6 倍，其增长速度是人口增速的 2 倍。联合国教科文组织认为，目前地球上淡水资源总体充足，但分布不均，约 65% 的淡水资源集中在不到 10 个国家和地区，而约占世界人口总数 40% 的 80 个国家和地区严重缺水，全球约有 1/5 的人无法获得安全的饮用水。《国际人口行动》中采用水紧缺指标（Water – Stress Index，人均水资源低于 1 700 立方米为用水紧张国家），对全球用水紧

① 郑通汉．中国水危机［M］．北京：中国水利水电出版社，2006.

张或缺水国家及人口数做了统计和预测：1990年为28个国家，3.35亿人口；2025年46~52个国家，27.8亿~32.9亿[①]。水资源缺乏的同时地球的水环境也在恶化。世界水资源委员会发表的报告指出，全世界有一半以上的大河已被污染，目前世界上只有两条大河（亚马逊河和刚果河）可以被归入健康河流之列。不仅地表水，地下水也受到十分严重的污染，而地下水的污染通常是不可逆转的。

在2006年世界水日上，联合国教科文组织公布《世界水资源开发报告》。该报告对全球水资源问题敲响了警钟，并指出问题主要包括：水资源管理、制度建设、基础设施建设不足；大部分地区水质下降，水质差导致生活贫困；90%的灾害与水有关；农业、城市用水供需紧张；水资源浪费严重。

水资源的一系列问题以及由此引起的地区间的水资源争夺和国家冲突、自然生态系统受到破坏、人类生存环境恶化等危机，已经引起全球的广泛关注。在1988年，世界环境与发展委员会（WCED）的一份报告就指出："水资源正在取代石油而成为全世界引起危机的主要问题。"[②] 1998年，联合国教科文组织召开"水与可持续发展"国际会议，围绕全球水资源问题，提出了应对计划和策略；2000年的第二届水论坛部长级会议推进了水资源使用的和平合作，并承诺在2015年前使无法得到洁净水的人口减少一半。可见，国际社会高度关注全球水资源问题并采取了行动和措施，致力于解决人类面临的水资源问题和促进水资源可持续发展。

我国作为世界上人口最多的发展中国家，水资源问题尤为突出。我国降水时空变化大，水资源分布与区域发展极不匹配[③]，而且水资源的开发、利用、管理和保护领域存在着许多误区，造成了水资源更加短缺、生态环境日益恶化，水资源问题成为我国社会经济可持续发展的重要制约因素。我国水资源问题的特征总体上可以概括为：时空分布差异大、水资源总量丰富但人均占有量少、水质恶化和水污染问题、水资源浪费严重，具体表现为：

1. 水资源紧缺

我国的水资源短缺问题在20世纪80年代尚不明显，但进入20世纪90年代后迅速加剧。据《中国水资源公报》统计数据分析，我国城市用水从1993年的1 143亿立方米增加到2002年的1 785.3亿立方米，10年期间用水总量

---

① 王腊春等. 中国水问题［M］. 南京：东南大学出版社，2007.

② WCED. Sustainable development and water: Statement on the WCED report "Our Common Future"［J］. *Water International*, 1989, 14 (3): 151-152.

③ 王顺久，张欣莉，倪长键等. 水资源优化配置原理及方法［M］. 北京：中国水利水电出版社，2007.

增长了56.1%，而农业用水也是大幅度增加。快速增长的用水需求加剧了紧张的水资源供求关系，水资源短缺问题越来越严重。据统计，“十五”期间，我国每年缺水量约400亿立方米，全国661座城市中有400座缺水，其中110座严重缺水，干旱造成的年均粮食减产达350亿千克。我国人均水资源量有逐渐减少的趋势，1997年我国人均水资源量为2 220立方米，预测到2050年，人均水资源量将下降到1 760立方米，接近用水紧张国家人均水资源量少于1 700立方米的限值。

2. 水环境污染严重

水污染问题发展之快和影响之深比水资源紧缺问题更令人担忧和震惊。据统计，2005年，我国向江河排放污水达717亿吨，水质为Ⅵ类和劣于Ⅵ类的江河为5.67万千米，占总评价河长的39.1%，其中Ⅴ类和劣Ⅴ类水质河长占总评价河长的20.3%，全国2/3的湖泊和1/3的水库呈富营养化状态。全国约90%的城市河段的水不适宜作为饮用水源，50%以上城市地下水受污染。日趋严重的水污染不仅降低了水体的使用功能，而且进一步加剧了水资源紧缺的矛盾，形成了很多水质型缺水城市。

3. 水资源浪费巨大

水资源用水效益低、水资源浪费严重是我国水资源开发利用中的主要特征。我国农业灌溉多以粗放式灌溉为主，灌溉效率普遍低于50%，农田灌溉水量超过作物需水量的1/3甚至一倍以上。我国大部分企业生产工艺较为落后，单位产品耗水量居高不下，高于先进国家的几倍、几十倍不等，工厂的水重复利用率仅在60%甚至更低，远未达到先进国家的90%。由于节水观念淡薄，水价偏低，输水管道老化导致水资源损失量大，城镇生活用水浪费问题也相当突出①。

针对我国的水资源问题，我国提出了新时期的水资源战略理念，要从传统水利过渡到现代水利、可持续发展水利，以水资源的可持续发展利用支持经济社会的可持续发展。而水资源优化配置则是解决我国水资源供水与需水、开源与节流、用水与防污等水资源问题，最终实现水资源可持续利用的重要手段和方法。因此，如何优化配置水资源，充分地利用有限的水资源，使其在促进生态环境与社会经济和谐发展中发挥最大效益，是一项迫切的任务和意义重大的工作。

二、国内外水资源配置研究进展

人口的急剧增长、社会经济的不断发展以及水污染问题的日益凸显使水

① 李广贺等．水资源利用与保护［M］．北京：中国建筑工业出版社，2002.

资源的开发利用比以往更受人类社会关注，水资源的优化配置也受到越来越多人的重视。

水资源配置是实现水资源在不同区域和用水户之间的有效公平分配，从而达到水资源可持续利用的重要手段。通过水资源配置可以实现对流域水循环及受其影响的自然与社会诸因素进行整体调控。水资源配置最初主要是针对水资源短缺地区的用水竞争性问题而提出，以后随着可持续发展观念的深入，其含义不仅仅针对水资源短缺地区，对于水资源丰富的地区也应该考虑水资源优化配置问题①。从最初的水量分配到目前协调考虑流域和区域经济、环境和生态各方面需求进行有效的水量调控，水资源配置研究日益受到重视。目前，水资源开发利用和人类活动结合日趋紧密，影响因素逐渐增多，导致其结构更趋复杂，这就要求在水资源天然循环和供用耗排人工侧支循环的统一框架下完成水资源配置。对于水资源优化配置的含义，不同阶段有不同学者提出自己的解释。综合逐渐深入的认识，一般认为水资源配置是指在流域或特定的区域范围内，遵循有效性、公平性和可持续性的原则，利用各种工程与非工程措施，按照市场经济的规律和资源配置准则，通过合理抑制需求、保障有效供给、维护和改善生态环境质量等手段和措施，对多种可利用水资源在区域间和各用水部门间进行的调配②。因此可以看出当前的水资源配置问题，不是简单的用户间水量分配，而是从流域和区域整体出发，在分析区域水资源条件和水资源供需特点，综合统筹不同情况和需求，确定各类可利用的水资源在供水设施、运行管理等各类约束条件下对不同区域各类用水户的有效合理分配。水资源配置中必须考虑水量的需求与供给、水环境的污染与治理、水与生态这三重平衡关系。

（一）国外水资源配置研究进展

国外在水资源配置方面的研究起步较早。美国是最早将系统分析方法应用于水资源规划和管理中的国家，研究成果非常丰富。在内容上，从水库优化调度，到流域水资源综合规划及管理，旱涝灾害应对与防治、区域水资源开发利用设计、流域水环境管理等；在分析方法上，从简单水资源系统到复杂大规模水系统，从单目标、确定型问题到多目标、随机型和风险型问题；在技术手段上，从单纯借助于数学模型到计算机数字化管理、信息控制理论、人工智能技术与数学模型的结合运用，这些都为世界上其他国家的水资源开发利用提供了典范。

---

① 王浩．我国水资源合理配置的现状和未来［J］．水利水电技术，2006，37（2）：7～14.

② 水利部水利水电规划设计总院．全国水资源综合规划技术大纲［R］．北京：水利部水利水电规划设计总院，2002.

国外水资源规划配置模型的研究过程大致分为以下四个阶段：

1. 模型理论探索阶段（20世纪40—60年代）

国外水资源优化配置的研究最早要追溯到20世纪40年代Masse提出的水库优化调度问题①。到了20世纪50—60年代，一些学者针对水资源问题进行了一些研究②③④⑤。1960年，美国科罗拉多州的几所大学对计划需水量的估算及满足未来需水量的途径进行了研讨⑥，体现了水资源优化配置的思想。

但这些研究基本停留在设想阶段，实际应用研究从20世纪60年代之后才开始。1961年，Mooer提出了在一定时间内最优水量分配问题⑦。1963年，Buras针对包含一个地表水库、地下水库和两个独立灌区的假定系统，建立了动态规划模型，以确定地下水库、人工回灌工程的规模，各灌区的灌溉面积以及地表水库、地下水库的供水策略⑧。1965年，UNESCO成立了国际水文十年（IHD）机构，对水量平衡、洪涝灾旱、地下水、人类活动对水循环的影响，特别是农业灌溉和都市化对水资源的影响等方面进行了大量的研究，并取得了成绩⑨。1967年，Flinn等论证了动态规划方法应用于灌溉季节最优水量分配的可行性，并建立了相应的确定性动态规划模型，该模型含有一个描述系统任意阶段的状态变量，即在灌溉季节内的可分配水量⑩。1968年，Hall和Butcher提出了一个包含两维状态变量的确定性动态规划模型，把可分配的水量和土壤含水水平作为状态变量，确定系统任意阶段的初始状态，模型采用相乘模型，结果表明相乘模型较相加模型计算更为方便⑪。

---

① 龙祥瑜，谢新民，孙仕军等．我国水资源配置模型研究现状与展望［J］．中国水利水电科学研究院学报，2004，2（2）：131～140.

② 柳长顺，陈献等．国外流域水资源配置模型研究进展［J］．河海大学学报（自然科学版），2005，33（5）：522～524.

③ 李雪萍．国内外水资源配置研究概述［J］．海河水利，2002（5）：13～15.

④ 彭祥，胡和平．水资源配置博弈论［M］．北京：中国水利水电出版社，2007.

⑤ 柳长顺，刘昌明，杨红．流域水资源合理配置与管理研究［M］．北京：中国水利水电出版社，2007.

⑥ N. Buras. *Scientific Allocation of Water Resources*［M］. New York：American Elsevier Publication Co.，1972.

⑦ N. J. Dudley，D. T. Howell，W. F. Musgrave. Optimal intraseasonal irrigation water allocation［J］. *Water Resources Research*，1971，7（4）：770－788.

⑧ 吴玉柏．国外地表水和地下水联合运用优化方法的研究［J］．灌溉排水，1987，6（2）：41～45.

⑨ 叶锦昭，卢如秀．世界水资源概论［M］．北京：科学出版社，1993.

⑩ J. C. Flinn，W. F. Musgarve. Development and analysis of input-output relations for irrigation water［J］. *The Australian Journal of Agricultural and Resource Economics*，1967，11（1）：1－19.

⑪ W. A. Hall，W. S. Butcher. Optimal timing of irrigation［J］. *Journal of the Irrigation and Drainage Division*，1968，94（2）：267－278.

2. 模型理论发展及成熟阶段（20世纪70年代）

进入20世纪70年代，伴随着计算机技术、数学规划和模拟技术的发展及其在水资源领域的应用，对水资源管理系统模型及水资源优化配置的科研成果不断增多①。Wattenbarger（1970）通过有限差分模拟，应用响应矩阵法建立了含水层—河流系统的管理模型，实现了对地下水和地表水的宏观调控；1972年美国N. Buras所著的《水资源科学分配》是最早系统地研究水资源分配理论和方法的著作；Maddock于1972年提出了响应函数概念，且在1974年利用响应矩阵法研究开发了一个河流—含水层系统的联合配置模型，使得地表水和地下水联合配置研究有了较大进展。

20世纪70年代早期建立的模型，主要考虑的是地下水含水层本身的特性以及与地表水的转换关系，很少考虑社会效益、经济效益和环境效益，规划模型的目标函数多是单目标，在此期间出现的模型中，有较典型的物理模型与数学模型相结合的网络模型；70年代后期，出现了多目标管理模型，较全面地考虑了水资源系统的特征和社会、经济、环境等因素的联合优化问题。例如1975年，Y. Y. Haimes等对大型复杂地下水资源的管理，就是采用大系统、多级、多目标的建模方法进行研究②，这使水资源配置研究领域和模拟技术均得到了进一步发展；1979年，美国麻省理工学院运用多目标规划理论和水资源规划的数学模型，完成了阿根廷Río Colorado（科罗拉多河）流域的水资源开发规划③，这是当时水资源开发利用最成功和最有影响的例子④。

3. 模型推广应用阶段（20世纪80年代）

到了20世纪80年代，水资源分配的研究范围不断扩大，深度不断加深。20世纪80年代初，Loucks等在其专著《水资源系统规划与分析》中着重阐述了如何运用系统分析方法指导水资源工程规划、设计和运行管理，并认为，人类对时空分布恰当、数量质量合适的水资源需求的不断增长，已促使水资源工程师和规划者们必须运用更为复杂的水资源系统规划方法解决水资源问题⑤。1982年，Pearson等利用多个水库的控制线，以产值最大为目标，输送能力和预测的需求值作为约束条件，用二次规划方法对英国的Nawwa区域的

---

① 吴泽宁，索丽生．水资源优化配置研究进展［J］．灌溉排水学报，2004，23（2）：1～5.

② Y. Y. Haimes，W. A. Hall，H. T. Freedman. *Multiobjective Optimization in Water Resources Systems*：*The Surrogate Worth Trade-off Method*［M］. Amsterdam：Elsevier Scientific Publishing Company，1975. 3－8.

③ 武靖源．天津市城市水资源大系统供水规划和优化调度的协调模型［D］．天津大学硕士学位论文，1996.

④ 赵勇．广义水资源合理配置研究［D］．中国水利水电科学研究院博士学位论文，2006.

⑤ D. P. Loucks，J. R. Stedinger，D. A. Haith. *Water Resource Systems Planning and Analysis*［M］. Englewood Cliffs：Prentice Hall，1981.

用水分配问题进行了研究①；同年，荷兰学者 Romijn 与 Tamminga 考虑了水的多功能性和多种效益的关系，强调决策者和科技人员间的合作，建立了 Gelderland 省与 Drenthe 省的水资源分配问题的多层次模型，体现了水资源配置问题的多目标和层次结构的特点②；Tamminga 考虑了水的多功能性和多种利益的关系，强调决策者和决策分析者间的合作，建立了水资源量分配的多层次模型，体现了水资源配置问题的多目标和层次结构的特点③。1984 年，Krzysztofowicz 和 Sage 探讨了水资源多目标分析中的群决策问题④。1985 年，Yeh 对系统分析方法在水库调度和管理中的研究和应用作了全面综述，把系统分析在水资源领域的应用分为线性规划、动态规划、非线性规划和模拟技术等⑤。1987 年，Willis 等使用线性规划方法求解了一个地表水库与四个地下水含水单元构成的地表水、地下水运行管理问题，地下水运动用基本方程的有限差分式表达，目标为供水费用最小或当供水不足情况下缺水损失最小，同时用 SUMT 法求解了一个水库与地下水含水层的联合管理问题⑥。

4. 模型实用性研究阶段（20 世纪 90 年代以后）

进入 20 世纪 90 年代，由于水污染和水危机的加剧，传统的以供水量和经济效益最大为水资源优化配置目标的模式已不能满足需要，国外开始在水资源优化配置中注重水质约束、水资源环境效益以及水资源可持续利用研究，尤其是决策支持技术、模拟优化的模型技术和资源价值的定量方法等的应用，使得水资源量与质管理方法的研究产生了更大的活力⑦⑧。由联合国出版的《水与可持续发展准则：原理与政策方案》充分分析了水资源与经济社会发展的

---

① D. Pearson, P. D. Walsh. The derivation and use of control curves for the regional allocation of water resources [J]. *Optimal Allocation of Water Resources*, 1982 (7): 907 -912.

② E. Romijn, M. Tamminga. Allocation of water resources in the eastern part of the Netherlands [J]. *Allocation of Water Resources (Proceedings of the Exeter Symposium)*, IAHS Publ, 1982 (135): 137 -153.

③ E. Romijn, M. Tamminga. Multi-objective optimal allocation of water resources [J]. *Journal of Water Resources Planning and Management*, 1982, 108 (2): 217 -229.

④ W. F. L. Peter, W. G. Willian, M. Yeh, et al. Multi-objective water resources management planning [J]. *Water Resources Planning and Management*, 1984, 110 (1): 39 -56.

⑤ M. Yeh, W. G. Willian. Reservoir management and operations models: A State-of-the-art review [J]. *Water Resources Research*, 1985, 21 (12): 1797 -1818.

⑥ R. Willis, W. G. Willian, M. Yeh. *Groundwater System: Planning and Management* [M]. Englewood Cliffs: Prentice Hall, 1987.

⑦ J. M. Antle, S. M. Capalbo. Physical and economic model integration for measurement of the environmental impacts of agricultural chemical use [J]. *Northeastern Journal of Agricultral and Resources Economics*, 1991, 20 (1): 68 -82.

⑧ M. B. Bayer. A modeling method for evaluating water quality policies in non-serial river system [J]. *Water Resources Bulletin*, 1997, 33 (6): 1141 -1151.

关系以及在亚太地区所取得的成功实例，确定了水资源开发在可持续发展中的基本准则和地位，明确指出：水资源与经济社会发展紧密相连，其多行业属性和多用途特性使在可持续发展过程中的水资源工程规划与实施变得极其复杂。

1992 年，Afzal 和 Javaid 等针对巴基斯坦某个地区的灌溉系统建立了线性规划模型，对不同水质的水量使用问题进行了优化。在劣质地下水和有限运河水可供使用的条件下，模型能得到一定时期内最优的作物耕种面积和地下水开采量等成果，这在一定程度上体现了水质—水量联合优化配置的思想①；Carios 和 Gideon 以经济效益最大为目标，建立了以色列南部 Eilat 地区的污水、地表水、地下水等多种水源的管理模型，模型中同时考虑了不同用水部门对水质的不同要求②。1999 年，Arun Kumar 等建立了污水排放模糊优化模型，提出了流域水质管理的经济技术方面的可行方案③；Braden 和 Ierland 同年综合考虑了区域供水、污水处理、农田灌溉以及流域管理等因素的影响，应用多判据分析以及多目标规划等方法构建了水资源优化配置模型④。2001 年，Tewei 等建立了流域整体的水量水质网络模型⑤。

这一期间，随机概念和不确定研究也被引入到水资源优化配置研究之中。如 1995 年，Watkins 等介绍了一种伴随风险和不确定性的可持续水资源规划模型框架，建立了有代表性的联合调度模型⑥。此模型是一个两阶段扩展模型，第一阶段可得到投资决策变量，第二阶段可得到运行决策变量，运用分解聚合法求解最终的非线性混合整数规划模型。美国学者 Norman J. Dudley 将作物生成模型和具有二维状态变量的随机动态规划相结合，对季节性灌溉用水分配进行了研究⑦。Higgins 等为解决澳大利亚东南部的水资源问题，在 Queensland 地区建立了多目标多阶段的随机非线性模型。

---

① Afzal, Javaid, David H. Noble. Optimization model for alternative use of different quality irrigation waters [J]. *Journal of Irrigation and Drainage Engineering*, 1992, 118 (2): 218 – 228.

② Carios Perrcia, Gideon Oron. Optimal operation of regional system with diverse water quality sources [J]. *Journal of Water Resources Planning and Management*, 1997, 203 (5): 230 – 237.

③ Arun Kumar, Vijay K. Minocha. Fuzzy optimization model for water quality management of a river system [J]. *Journal of Water Model or Resources Water Quality Planning Management*, 1999, 125 (3): 179 – 180.

④ J. B. Braden, E. C. Ierland. Balancing: The economic approach to sustainable water management [J]. *Water Science Technology*, 1999, 39 (5): 17 – 23.

⑤ Tewei Dat, John W. Labadie. River basin network model for integrated water quantity/quality management [J]. *Journal of Water Resources Planning and Management*, 2001, 127 (5): 295 – 305.

⑥ Watkins David, W. Jr Mckinney, Daene C. Robust. Optimization for incorporation risk and uncertainty in sustainable water resources planning [J]. *International Association of Hydrological Sciences*, 1995, 231 (13): 225 – 232.

⑦ Norman J. Dudley. Optimal interseasonal irrigation water allocation [J]. *Water Resources*, 1997, 7 (4).

这一阶段的水资源配置除了考虑水质要求外，为了更好地解决水资源系统的系统性、不确定性和复杂性问题，一些新的优化算法或技术也应用到水资源配置中，如遗传算法①、模拟退火②、粒子群法等。

进入21世纪以后，国外主要从水资源产权界定组织安排和经济机理对配置效益影响的角度出发，对水资源配置机制进行了研究，重视政府的宏观调控和行政管理与市场机制、法律手段相结合，认为纯粹的市场或纯粹的政府都难以满足优化配置的要求，制度和经济是医治市场和制度失灵的良方，有效的流域水资源管理政策和体制是解决配置冲突的根本途径③。

（二）国内水资源配置研究进展

随着我国经济的发展与人口的增长，水资源问题不断加重，水资源优化配置受到高度重视。随着实践的深化，水资源优化配置的概念逐步明确，内涵日益丰富。"六五"、"七五"国家重点科技攻关项目以京、津、唐地区为研究对象，建立了相应的水资源优化配置模型和软件，对大系统水资源优化配置进行了有益的探索，开创了以区域为单元研究水资源优化配置的先河④；在"八五"国家重点科技攻关项目"黄河治理与水资源开发利用"专题"华北地区宏观经济水资源规划管理的研究"中，该项目实现了宏观经济研究与水资源研究的系统结合，提出了基于宏观经济的水资源优化配置理论和多层次、多目标、群决策优化配置方法⑤；在"九五"攻关项目"西北地区水资源合理开发利用及生态环境保护研究"中，生态用水被纳入到水资源优化配置体系中，水资源优化配置的范畴拓展到社会经济—水资源—生态环境的大系统中，配置对象同时考虑国民经济用水和生态环境用水，提出了面向生态的水资源生态经济系统优化配置方法，形成了目前国内水资源优化配置方法的最新成果，奠定了水资源优化配置理论和方法的基础⑥⑦。具体来说，根据

---

① B. S. Minsker, B. Padera, J. B. Smalley. *Efficient Methods for Including Uncertainty and Multiple Objectives in Water Resources Management Models Using Genetic Algorithms* [C]. Alberta: International Conference on computational Methods in Water Resources, Calgary, 2000, 25 - 29.

② M. Wang, C. Zheng. Ground water management optimization using genetic algorithms and simulated annealing [J]. *Formulation and Comparison Journal of the American Water Resources Association*, 1998.

③ 袁洪州．区域水资源优化配置的大系统分解协调模型研究［D］．河海大学硕士学位论文，2005.

④ 华士乾等．水资源系统分析指南［M］．水利电力出版社，1988.

⑤ 常炳炎，薛松贵等．黄河流域水资源合理分配和优化调度［M］．郑州：黄河水利出版社，1998.

⑥ 许新宜，王浩，甘泓等．华北地区宏观经济水资源规划理论与方法［M］．郑州：黄河水利出版社，1997.

⑦ 王浩，王建华，秦大庸．流域水资源合理配置的研究进展与发展方向［J］．水科学进展，2004，15（1）：123～128.

水资源配置的范围、对象，水资源优化配置的研究和实践主要分为以下几种形式：

1. 水利工程控制单元的水资源优化配置

水利工程是水资源配置的基本单元，由于其结构相对简单，影响和制约因素相对较少，成为广大学者和专业人员较早涉足的研究领域，其目标主要是探讨如何配置水利工程控制的有限水资源量以达到最大效益。国内于1960年就开始了以水库优化调度为先导的水资源配置研究，中国水科院谭维炎和黄守信等首次将运筹学技术应用于四川狮子滩水库水电站的优化调度工作中①。1982年，施熙灿等研究了考虑保证率约束的马氏决策规划并应用惩罚函数方法求解，以此解决了水电站水库优化调度中的应用问题②。1983年，董子敖等提出水电站水库优化调度选优的改变约束法，以达到满足水电站群设计保证率要求和发电量最大，并进一步采用以国民经济效益最大为目标选择优化调度方案③。1990年，董增川等采用空间分解方法研究水电站库群优化调度问题④。1992年，万俊等采用隐随机优化法对小水电水库群系统进行了求解⑤。1998年，李爱玲应用随机优化方法，以黄河上游梯级水电站群为例，对梯级水电站群的兴利优化调度问题进行了研究，有效地避免了“维数灾”问题⑥。2004年，陈洋波等提出了一种研究确定水库最优供水量的多目标水库优化调度数学模型，此模型以供水量最大和发电量最大为目标函数，考虑水量平衡、防洪、发电、航运及水库综合利用要求约束条件，并提出了一种交互式的求解方法对模型进行解算⑦。2006年，张庆华等针对大中型水库增加城市供水项目的实际情况，运用运筹学的理论与方法，以多水库年总供水效益最大为目标函数，建立了多水库联合运用情况下，系统供水优化调

---

① 谭维炎，黄守信等. 用随机动态规划进行水电站水库的最优调度［J］. 水利学报，1982（7）：1～7.

② 施熙灿，林翔岳，梁青福等. 考虑保证率约束的马氏决策规划在水电站水库优化调度中的应用［J］. 水力发电学报，1982（2）：11～21.

③ 董子敖，闫建生，尚忠昌等. 改变约束法和国民经济效益最大准则在水电站水库优化调度中的应用［J］. 水力发电学报，1983（2）：1～11.

④ 董增川，叶秉如. 水电站库群优化调度的分解方法［J］. 河海大学学报（自然科学版），1990，18（6）：70～78.

⑤ 万俊，于馨华，张开平等. 综合利用小水库群优化调度研究［J］. 水利学报，1992（10）：84～89.

⑥ 李爱玲. 梯级水电站水库群兴利随机优化调度数学模型与方法研究［J］. 水利学报，1998（5）：71～74.

⑦ 陈洋波，曾碧球. 水库供水发电多目标优化调度模型及应用研究［J］. 人民长江，2004，35（4）：11～14.

度的线性规划模型[①]。近年来，一些先进的智能算法如遗传算法、免疫算法、粒子群法等也被引入到水库水电站的优化调度中，并取得较好的效果[②③④]。

国内对于灌区的水资源配置的研究成果也较为丰富。1986 年，曾赛星和李寿声在对内蒙古河套灌区地表水、地下水的联合优化调度中，采用动态规划方法确定了各种作物的灌水定额及灌水次数。1989 年，曾赛星和李寿声又针对徐州地区欢口灌区的实际情况，建立了一个既考虑灌溉排水、降低地下水位的要求，又考虑多种水资源联合调度、联合管理的非线性规划模型，以确定农作物最优种植模式及各种水源的供水量比例[⑤]。1992 年，唐德善以黄河中游某灌区为例，运用递阶动态规划法，确定水资源量在工业和农业之间的分配比例[⑥]。贺北方等[⑦]、黄振平等[⑧]、向丽等[⑨]和马斌等[⑩⑪]对多库多目标最优控制运用的模型与方法、灌区渠系优化配水、大型灌区水资源优化分配模型、多水源引水灌区水资源调配模型及应用进行了研究。2004 年，赵丹等针对西北干旱半干旱地区日益严重的水资源短缺和生态环境问题，以系统分析的思想为基础，建立了面向生态和节水的灌区水资源优化配置序列模型系统，提出了综合考虑节水、水权、生态环境等因素的多目标多情景模拟计算方法，并以南阳渠灌区为例，得出了比较合理的水资源优化配置方案[⑫]。2007 年，赫明林、曹炳媛针对疏勒河流域农业开发集中的昌马、双塔、花海灌区

---

① 张庆华，颜宏亮等．多水库联合供水的优化调度方法［J］．人民长江，2006，37（2）：30～32.

② 钟登华，熊开智等．遗传算法的改进及其在水库优化调度中的应用研究［J］．中国工程科学，2003，5（9）：22～26.

③ 周超，屈亚玲等．多目标梯级水库优化调度问题的免疫遗传算法［J］．人民长江，2008，39（16）：45～47，111.

④ 申建建，程春田等．基于模拟退火的粒子群算法在水电站水库优化调度中的应用［J］．水力发电学报，2009，28（3）：10～15.

⑤ 曾赛星，李寿声．灌溉水量分配大系统分解协调模型［J］．河海大学学报（自然科学版），1990，18（1）：67～75.

⑥ 唐德善．大流域水资源多目标优化分配模型研究［J］．河海大学学报（自然科学版），1992，20（6）：40～47.

⑦ 贺北方，涂龙．水库模糊随机优化调度研究［J］．郑州工学院学报，1995，16（2）：72～78.

⑧ 黄振平，华家鹏，周振民．陈垓引黄灌区渠系优化配水的初步研究［J］．山东水利科技，1995（1）：43～46.

⑨ 向丽，顾培亮，董新光等．大型灌区水资源优化分配模型研究［J］．西北水资源与水工程，1999，10（1）：1～8.

⑩ 马斌，解建仓等．多水源引水灌区水资源调配模型及应用［J］．水利学报，2001（9）：59～63.

⑪ 马斌，汪妮，解建仓等．宝鸡峡灌区解决缺水问题的对策研究［J］．水土保持学报，2001，15（5）：144～148.

⑫ 赵丹，邵东国等．西北灌区水资源优化配置模型研究［J］．水利水电科技进展，2004，24（4）：5～7，69.

水资源配置问题，对疏勒河流域水资源的合理利用提出了三套配置方案，而通过优化比较提出的最佳配置方案更是实现了地表水、地下水的联合开发，并在促进全流域经济可持续发展的同时也保护和改善了生态环境①。2010 年，姚斌等针对新疆玛纳斯河灌区水资源短缺问题，根据灌区的灌溉系统、供需水情况和农作物种类，建立了作物结构与水资源优化配置模型，解决了灌区内有限的灌溉水量在不同分灌区之间以及各个分灌区多种作物之间的水资源优化配置问题②。

水库和灌区等水利工程的水资源优化配置成果的丰富和完善，促进了以有限水资源量实现最大效益的思想在水利工程管理中的应用。

2. 区域水资源优化配置

区域是社会经济活动中相对独立的基本管理单位，其经济社会发展具有明显的区域特征。自 20 世纪 80 年代中期以来，随着经济社会的快速发展，以及多目标和大系统优化理论的日渐成熟，区域水资源优化配置研究成为水资源学科研究的热点之一。1988 年，贺北方提出区域水资源优化分配问题，建立了大系统序列优化模型，采用大系统分解协调技术求解，在豫西地区建立了区域可供水资源年优化分配的大系统逐级优化模型③。1989 年，吴泽宁等以经济区社会经济效果最大为目标，建立了经济区水资源优化分配的大系统多目标模型及其二阶分解协调模型，并用层次分析法间接考虑水资源配置的生态环境效果④。1995 年，翁文斌等将宏观经济、系统方法与区域水资源规划实践相结合，形成了基于宏观经济的水资源优化配置理论，并在这一理论指导下提出了多层次、多目标、群决策方法，实现了水资源配置与区域经济系统的有机结合，是水资源优化配置研究思路上的一个突破⑤。2000 年，吴险峰等探讨了枣庄市在水库、地下水、回用水、外调水等复杂水源下的优化供水模型，从社会、经济、生态综合效益考虑，建立了水资源优化配置模

---

① 赫明林，曹炳媛．水资源合理配置与生态环境保护方案——以疏勒河流域昌马、双塔、花海灌区为例［J］．水文地质工程地质，2007（4）：84～87，93.

② 姚斌，何新林等．玛纳斯河灌区作物结构与水资源优化配置研究［J］．人民长江，2010，41（14）：44～47，58.

③ 贺北方．区域水资源优化分配的大系统优化模型［J］．武汉水利电力学院学报，1988（5）：109～118.

④ 吴泽宁，蒋水心．层次分析法在多目标决策中的应用初探［J］．郑州工学院学报，1989，10（4）：51～58.

⑤ 翁文斌，蔡喜明，史慧斌等．宏观经济水资源规划多目标决策分析方法研究及应用［J］．水利学报，1995（2）：1～11.

型[①]。2003年，张文鸽以可持续发展理论为基础，以社会、经济、环境综合效益最大为目标，建立了区域水质—水量联合优化配置模型，模型中考虑了社会目标、经济目标、环境目标[②]。2004年，侯卫东、陈晓宏等建立了一个以广州市水资源合理利用为目标，考虑主要水库和河道防洪、供水、航运、压咸等约束的广州市水资源优化配置多目标分析模型，采用大系统“分解协调”原理，并运用逐步宽容约束法及递阶分析法求解[③]。2005年，谢新民等针对珠海市水资源开发利用面临的问题和水资源管理中出现的新情况，采用现代规划技术手段，包括可持续发展理论、系统论和模拟技术、优化技术等，根据国家新的治水方针，建立了珠海市水资源配置模型——基于原水—净化水耦合配置的多目标递阶控制模型[④]。2009年，孙月峰等针对区域水资源优化配置中重水量轻水质、重国民经济需水轻生态环境需水的特点，基于大系统总体优化配置理论与方法，综合考虑了区域生态环境需水和水质因素，构建了基于混合遗传算法的区域大系统多目标水资源优化配置模型，并运用混合遗传模拟退火算法对模型进行求解，较好地解决了复杂水资源优化配置问题[⑤]。

3. 流域水资源优化配置

流域是具有层次结构和整体功能的复合系统，由社会经济系统、生态环境系统、水资源系统构成，流域系统是最能体现水资源综合特性和功能的独立单元。流域水资源配置经常要解决不同层次、不同目标、不同用户间的相互竞争、相互冲突的问题。我国在流域水资源配置研究方面也取得了一系列的成果。1994年，唐德善应用多目标规划的思想，建立了黄河流域水资源多目标分析模型，提出了大系统多目标规划的求解方法，克服了多维动态规划可能遇到的“维数灾”[⑥]。1995年，张元禧等把石羊河流域划成4个子系统，采用不同的方法求解，探求在水资源多年均衡基础上，以全流域灌溉效益多年均值最高为目标的水资源大系统优化调配策略[⑦]。1998年，黄河水利委员

① 吴险峰，王丽萍．枣庄城市复杂多水源供水优化配置模型［J］．武汉水利电力大学学报，2000，33（1）：30～32，62.

② 张文鸽．区域水质—水量联合优化配置研究［D］．郑州大学硕士学位论文，2003.

③ 侯卫东，陈晓宏等．广州市水资源优化配置探讨［J］．人民珠江，2004（4）：4～7.

④ 谢新民，岳春芳等．基于原水—净化水耦合配置的多目标递解调控模型［J］．水利水电科技进展，2005，25（3）：11～14.

⑤ 孙月峰，张胜红等．基于混合遗传算法的区域大系统多目标水资源优化配置模型［J］．系统工程理论与实践，2009，29（1）：139～144.

⑥ 唐德善．黄河流域多目标优化配水模型［J］．河海大学学报（自然科学版），1994，22（1）：46～52.

⑦ 高飞，张元禧．河西走廊内陆石羊河流域水资源转化模型及其时移转化关系［J］．水利学报，1995（11）：76～83.

会进行了“黄河流域水资源合理分配及优化调度研究”，综合分析了区域经济发展、生态环境保护与水资源条件之间的关系，是我国第一个全流域水资源配置研究，对构建模型软件、实施大流域水资源配置起到了典范作用。王浩、秦大庸等在黄淮海流域水资源优化配置研究中首次提出水资源“三次平衡”的配置思想，其核心内容是在国民经济用水过程和流域水资源循环转化过程两个层面上分析水量亏缺问题，并在统一的用水竞争模式基础上研究了水资源配置问题。2002 年，陈晓宏等以大系统分解协调理论作为技术支持，运用逐步宽容约束法及递阶分析法，建立东江流域水资源优化调配的实用模型，并对该流域特枯年水资源量进行了优化配置和供需平衡分析①。2005 年，唐德善等以太子河流域水资源优化配置为实例，用分层递阶分析的方法探讨了流域水资源优化配置模型的建立和求解思路，以追求经济效益、社会效益和环境效益为目标建立流域水资源优化配置供水模型，用大系统多目标递阶动态规划方法求解，以取得水资源优化配置的最佳方案②。2009 年，刘丙军等在分析水资源配置系统协同特征的基础上，根据协同学理论中的有序度概念和支配原理，分别对水资源配置系统中的社会、经济和生态环境子系统设置序参量，并结合信息熵原理，构建了一种基于协同学原理的流域水资源配置模型，一定程度上有效解决了水资源优化配置系统中多目标、多维数求解问题，并将此理论运用于东江流域水资源优化配置，从而得出了满意结果③。

4. 跨流域水资源优化配置

跨流域水资源优化配置是以两个以上的流域为研究对象，即本书第二章中将要研究的泛流域，其系统结构和影响因素间的相互制约关系较区域和流域更为复杂，一般以仿真性能强的模拟技术和多种技术相结合成为对此问题研究的主要技术手段。1994 年，邵东国针对南水北调东线这一多目标、多用途、多用户、多供水优先次序、串并混联的大型跨流域调水工程进行水量最优调配，以系统弃水量最小为目标，建立了自优化模拟决策模型，采用动态规划法进行求解④。1997 年，吴泽宁等以跨流域水资源系统的供水量最大为目标，将模拟技术和数学规划方法相结合，建立了具有自优化功能的流域水

---

① 陈晓宏，陈永勤，赖国友．东江流域水资源优化配置研究［J］．自然资源学报，2002，17（3）：366～372.

② 唐德善，王霞，赵洪武等．流域水资源优化配置研究［J］．水电能源科学，2005，23（3）：38～40.

③ 刘丙军，陈晓宏．基于协同学原理的流域水资源合理配置模型和方法［J］．水利学报，2009，40（1）：60～66.

④ 邵东国．跨流域调水工程优化决策模型研究［J］．武汉水利电力大学学报，1994，27（5）：500～505.

资源系统模拟规划模型，并以大通河和湟水流域为例对模型进行验证，提出了跨流域调水工程的规模①；卢华友等以跨流域水资源系统中各子系统的供水量和蓄水量最大、污水量和弃水量最小为目标，建立了基于多维动态规划和模拟技术相结合的大系统分解协调实时调度模型，采用动态规划法进行求解，并以南水北调中线工程为背景进行了实例验算。该成果考虑了污水量最小目标，是水资源优化配置研究的一大进步②。1998 年，解建仓等针对跨流域水库群补偿调节问题，建立了多目标模型，并分析了求解方法和实用上的简化，通过大系统递阶协调方法和决策者交互方式的补充，来实现综合的决策支持（DSS）算法③。2001 年，王劲峰等针对我国水资源供需平衡在空间上的巨大差异造成的区际调水的需求，提出了水资源在时间、部门和空间上三维优化分配理论模型体系，该系统包括区域社会经济发展目标、水资源供给、总量时空优化等模块，用户可以使用此决策系统找到研究区域社会经济发展与水资源协调的方案④。2003 年，刘建林等以系统分析的思想为基础，对跨流域、多水源、多目标、多工程调水所涉及的水资源问题进行分析研究，建立了南水北调东线工程联合调水仿真模型，为实际应用提供了决策平台⑤。2007 年，杜芙蓉等针对南水北调沿线受水区东线山东段的特点，运用大系统分解协调原理，建立水资源优化调度模型，研究水资源供需平衡问题，并运用优化技术对模型进行求解，解决了多水源、多目标、多用户、多保证率的水资源配置问题⑥。

三、水资源优化配置研究的特点及展望

从现有研究成果分析可知，目前水资源优化配置研究的主要特点和不足：

1. 对现在水资源配置的综合性考虑不够充分

从大流域角度综合考虑水资源的配置，系统分析流域中各个子区域自身

① 吴泽宁，丁大发，蒋水心．跨流域水资源系统自优化模拟规划模型［J］．系统工程理论与实践，1997，17（2）：78～83.

② 卢华友，沈佩君等．跨流域调水工程实时优化调度模型研究［J］．武汉水利电力大学学报，1997（5）：11～15.

③ 解建仓，王新宏．跨流域水库群补偿调节的模型及 DSS 算法［J］．西安理工大学学报，1998，14（2）：123～128.

④ 王劲峰，刘昌明，于静洁等．区际调水时空优化配置理论模型探讨［J］．水利学报，2001（4）：7～14.

⑤ 刘建林，马斌，解建仓等．跨流域多水源多目标多工程联合调水仿真模型——南水北调东线工程［J］．水土保持学报，2003，17（1）：75～79.

⑥ 杜芙蓉，董增川，范群芳．南水北调山东段水资源优化配置研究［J］．水利学报，2007（S1）：485～489.

水资源条件和水资源供需特点，对区域发展总体布局有着重要的参考意义。而目前水资源配置研究主要局限于对单一的水利工程或是一个区域范围内部的水量调配工作上，而从大流域整体角度出发的研究较少。

2. 对环境和生态用水的保证不够重视

保证地区的最小生态用水量，能有效防止生态环境的破坏，促进地区的可持续发展。目前大部分水资源配置模型没有把保证生态环境用水作为目标函数或约束条件，生态环境用水往往被忽略，这容易导致生态环境的破坏。

3. 重视水量的分配，对水量水质统一配置的研究不足

水质和水量问题是密切相关的，离开水质谈水量是没有实际意义的①。目前我国不少地区存在水质性缺水问题，造成有水而不能用的尴尬局面。有关分析资料表明，在我国未来发展中，由水质恶化造成的水资源危机将甚于水量危机。目前的水资源配置研究成果大多强调“量”的配置，而忽视了“质”的配置，因此，在水资源优化配置过程中，应该充分重视水质问题，加强水量水质统一配置的理论和实践的研究。

4. 优化方法和模拟计算的耦合研究不够

目前水资源配置中大多都是单纯使用优化模型或模拟模型的思路，突破这种思路的成果尚不多见。水资源配置是非常复杂的问题，仅仅通过优化技术难以得到满意的结果，而模拟技术虽然难以给出最优解，但可以计算不同方案对应的不同解②。模拟与优化模型的耦合，可以较快得出各方易于接受和实施的满意解。

5. 对南方滨海地区的水资源优化配置问题研究力度不够

目前水资源优化配置研究的理论与实践主要集中在我国北方水资源极度匮乏、缺水普遍且严重的流域或区域，要解决的是河流断流、沙漠化等极度的水资源危机问题，如海河流域、黄河流域和西北内陆河流域等③，其经典结论和思维模式带有浓厚的区域特征④。而我国南方滨海地区降雨丰沛，极易出现洪涝灾害，因此对于水资源充足的南方地区，其防洪方面的研究成果较多，水资源优化配置的研究成果则相对较少。但是在水量充沛的地区，往往存在因水资源的不合理利用而造成的水环境污染破坏和水资源严重浪费的现象，

---

① 岳春芳．东南沿海地区水资源优化配置模型及其应用研究［D］．新疆农业大学博士学位论文，2004.

② 陈南祥．复杂系统水资源合理配置理论与实践——以南水北调中线工程河南受水区为例［D］．西安理工大学博士学位论文，2006.

③ 裴源生，赵勇，罗琳．相对丰水地区水资源合理配置研究——以四川绵阳市为例［J］．资源科学，2005，27（5）：84～89.

④ 方红远．区域水资源合理配置中的水量调控理论［M］．郑州：黄河水利出版社，2004.

因此必须予以高度重视。随着社会经济的发展和对水资源开发利用范围的扩大与深度的不断强化，很有必要构建具有南方滨海区特色的水资源配置理论与方法，着力研究和解决新时期南方城市水资源的开发、利用、配置、节约、保护与治理等问题。

通过对已有水资源优化配置研究成果特点的分析，笔者认为未来水资源优化配置研究将呈现如下发展趋势：

1. 面向生态的水资源优化配置

在水资源配置过程中，水资源开发利用应与生态环境相适应，不能忽视生态环境需水对维持生态系统健康机能和流域正常的水文循环作用。如何通过水资源优化配置来保障生态环境用水，改善水环境与生态环境质量，实现水资源开发利用的良性循环，必将成为未来水资源优化配置研究的一个发展趋向。

2. 水质水量联合优化配置研究

按照水资源可持续利用支撑和保障经济社会的可持续发展的要求，在水资源配置研究中应充分考虑代际间发展和用户之间分配的公平性，以及经济发展与水资源、环境之间的相互协调。因此，如何从理论和技术上体现水资源配置的公平性和水资源配置与经济、环境、人口的协调，是水资源配置研究必须解决的问题之一。水体的水环境容量，污水与用水之间的关系，污水排放和水体纳污量间的关系，水量水质联合实时调度方法以及水质水量联合配置的理论、模型和方法，水量水质联合配置方案合理性评价技术等都是水资源优化配置的重要研究课题。

3. 优化方法和模拟计算相结合

由于水资源配置的复杂性，仅使用数学优化方法难以贴近于实际，完全采用模拟的方法则又难以有效控制众多的参数、条件，以经验处理大量的组合因素必然忽略许多可能的优解。所以，可以采用优化—模拟—评价的总体思路得到水资源配置模型的决策方案结果，而后通过在简化目标和约束下寻求到优解，再利用模拟模型得到进一步的结果，这既发挥了优化方法的搜索能力，使其在庞大的可行空间中寻找到优或次优的配置方案集，同时也发挥了模拟模型仿真性、可靠性强的优势。

4. 提高决策方案的比选性和配置效果的评价性

为提高水资源优化配置研究成果的实用价值，水资源优化配置方案的效果评价也是研究的重点课题之一。配置方案的选择始终是一个多目标决策问题，不能仅在水资源问题本身层次上完成方案的比较和评价，应当以完善可行的指标体系对得到的方案集进行比较选择，在综合社会、经济和环境各个方面影响的基础上，分析各种可行方案的经济、社会和环境各方面的效益取舍，引入合适的多目标决策方法，在得出合理可行的推荐配置方案后，还应当对其实施后可能产生的效果作尽量全面的评估，并考虑到所有能涉及的方面，组成全面的评价体系，广泛吸收各方面专家的提议和社会公众需求，并能依据新形势下出现的问题进行调整，采用合适的方法对方案进行评价，以获得更合理的配置方案。

5. 水资源配置决策支持系统（WRDSS）将迅速发展

水资源配置具有多层次、多目标、多水源、多用户、多功能的特点，用单一模型是无法描述的，有一些需要考虑的因素（如决策者的偏好等）也无法用定量表示。水资源配置面临许多具体的问题，要实现水资源的可持续利用，需要用户参与决策管理和配置。建立面向对象的交互式的决策系统是解决上述问题的理想手段，也是今后水资源配置研究的一个重要课题。

6. 南方滨海区的水资源优化配置研究将受到重视

近年来，南方滨海区的水资源问题如季节性缺水、水质性缺水逐渐凸显出来，对社会经济的可持续发展直接构成了威胁，其水资源优化配置必须强调水资源量与质统一管理以及水资源和社会、经济、生态与环境的联合优化。南方滨海区的水资源优化配置的方法和实践的研究将是个热点课题。

四、主要研究内容和技术路线

针对南方滨海区水资源优化配置研究尚缺乏成熟的、有指导意义的理论体系和技术方法，本书以东莞市为研究典型，探究南方滨海区水资源优化配置的思路与对策、建立适用于该区域的水资源优化配置模型、探求区域水资源系统多目标优化配置模型求解方法等，通过建立起该区域多水源、多用户、多目标的水资源优化配置模型来优化配置区域内的水资源。具体的研究内容如下：

1. 南方滨海区水资源优化配置思路与对策的探究

从水资源优化配置的内涵、主要任务、原则、目标出发，阐述了南方滨海城市——东莞市的水资源开发利用问题，提出了具有地方特色的水资源配置的对策与思路，分析了东莞市水资源优化配置的特点。

2. 南方滨海区水资源优化配置模型研究

对水资源系统的内涵及分析进行了介绍，在区域水资源系统分析的基础上建立了南方滨海区的多目标、多约束的水资源优化配置模型，分析了该模型的特点及功能。

3. 遗传算法（GA）及其改进研究

概述了 GA 基本原理和基本遗传算法（SGA）的运算过程，研究了 GA 的编码、适应度、遗传算法算子设计和实现技术，针对 GA 存在的不足提出改进方法，设计了混合遗传算子浮点数遗传算法和提出了一种新的惩罚函数，并以几个经典数值优化实例来检验改进遗传算法的效果。

4. 基于 GA 求解的区域水资源优化配置模型

在改进的遗传算法基础上，提出了基于权重系数的多目标遗传算法，结合南方滨海区水资源优化配置模型的大系统、多目标、非线性等特点，提出了基于目标权重的多目标遗传算法求解模型的具体步骤。

5. 东莞市水资源优化配置研究

针对东莞市的实际情况，建立了该市水资源优化配置模型，分析确定了模型的各种参数和系数，并用基于权重系数的多目标遗传算法来求解；给出规划水平年不同保证率的水资源优化配置结果，对水资源优化配置结果进行了分析评价。

本书研究的具体技术路线如下图所示。

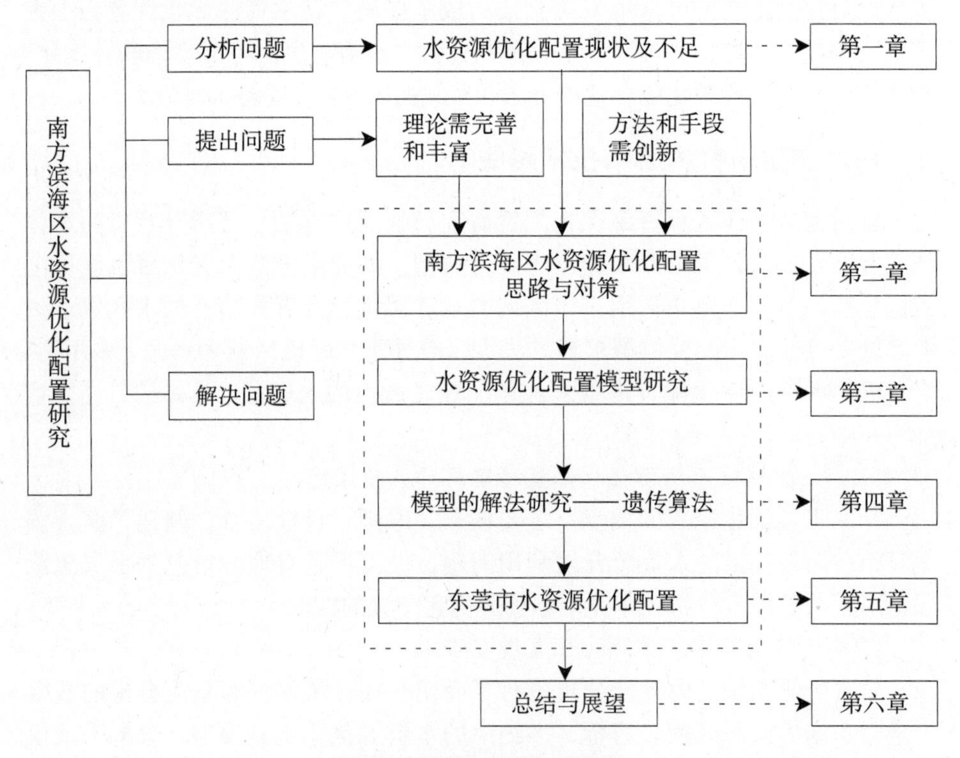

本书研究的具体技术路线图

五、主要创新点

水资源优化配置研究是目前水科学研究的热点之一，本书针对南方滨海区水资源系统分析和水资源优化配置等问题开展研究，主要的创新点如下：

（1）从水资源优化配置的任务、原则、目标出发，立足于南方滨海区水资源系统的特点，以东江流域滨海区东莞市为研究典型，有针对性地提出了具有地方特色的水资源优化配置的思路、对策与特点，对于南方滨海区的水资源优化配置具有一定的指导意义。

（2）在区域水资源系统分析的基础上建立了适用于南方滨海区的多目标、多约束的水资源优化配置模型。

（3）针对南方滨海区水资源优化配置模型规模大、结构复杂、影响因素众多、非线性等特点，引进了遗传算法来求解；采用了浮点数编码、混合遗传算子和一种新的惩罚函数来改进遗传算法，并进一步提出了基于权重系数的多目标遗传算法；结合区域水资源优化配置模型的特点，给出了基于目标权重的多目标遗传算法求解该模型的具体步骤，不仅拓展了遗传算法的应用领域，而且也为区域水资源优化配置提供了一种新方法。

（4）将本书提出的水资源优化配置模型理论和方法应用于东莞市的水资源优化配置研究中，得出了规划水平年的优化配置结果，经验证，模型合理，算法有效，优化配置成果为该市水资源可持续利用规划与管理提供了决策依据。

第二章　南方滨海区水资源优化配置思路与对策

水资源配置的理论和方法是随着水资源问题的出现而产生和发展起来的，是为解决水资源问题而服务的。长期以来，我国北方干旱、半干旱地区的降水量少，水资源少，而耕地面积大，需水量大，因而导致水资源短缺，呈现“人地争水”的局面，而且北方地区的生态环境非常脆弱，一旦被破坏就难以恢复。水资源短缺、生态环境问题一直以来都是制约北方地区社会经济发展的重要因素，该地区的水资源配置研究很早就受到国家和学者的重视。20 世纪 80 年代以来，我国连续在国家科技攻关计划中安排了水资源领域的应用基础研究项目，研究层面不断深入，这些研究成果基本上构成了干旱或半干旱半湿润地区的水资源开发利用理论和方法体系，目前针对北方水资源问题的解决已形成了比较有效并颇具特色的水资源评价和水资源优化配置理论与方法①②③④。

相比北方干旱半干旱地区，南方滨海区的水资源配置研究起步较晚，随着水资源问题的凸显，该地区水资源配置的理论和实践研究才开始受到关注。南方滨海区和北方干旱半干旱地区的水资源问题由于自然地理条件、社会经济发展水平和生态环境状态的差异而带有显著的区域特征，因此北方水资源配置的经典结论和思维模式对于南方滨海区缺乏针对性和有效的指导作用。理论思路缺乏针对性，使得南方滨海区实施水资源安全战略遇到许多结构性技术难题。因此结合南方滨海区的水资源特点及开发利用存在的问题，寻求和研究出一套具有南方滨海区特色的、有效的水资源配置思路，是一个崭新而具有重要意义的课题。近年来，一些学者针对滨海区的水资源配置作了探

---

① 钱正英，张光斗．中国可持续发展水资源战略研究综合报告及各专题报告［M］．北京：中国水利电力出版社，2001.

② 水利电力部水文局．中国水资源评价［M］．北京：中国水利电力出版社，1987.

③ 水利部南京水文水资源研究所，中国水利水电科学研究院水资源研究所．21 世纪中国水供求［M］．北京：中国水利电力出版社，1999.

④ 刘昌明，何希吾等．中国 21 世纪水问题方略［M］．北京：科学出版社，1996.

索和研究[1][2][3][4]，这对滨海区的水资源配置具有一定的指导意义。

东江是珠江流域三大水系之一，是广东省的重要水源地，供水人口3 000余万，担负着向香港、广州、深圳、东莞等城市的供水任务，同时还有防洪、发电、航运、压咸等多种功能，具有极其重要的战略地位。东江流域滨海区包括惠州、东莞和深圳等城市，近年来随着这些城市社会经济的高速发展，该区域对东江水资源的需求也与日俱增；而东江流域降雨时空分布极不均匀，加之水土流失、水质污染以及咸潮上溯的制约，该区域的水资源供需问题逐渐凸显。如何实现水资源的优化配置，解决该地区的水资源供需矛盾，这对区域社会经济的可持续发展起着十分重要的作用。

本章将以东江下游的东莞市为研究典型，立足于该地区的水资源开发利用状况及存在的问题，探求该区域的水资源配置的对策，为南方滨海区的水资源配置提供一个研究思路。

一、水资源优化配置的理论

（一）水资源优化配置的内涵

优化配置是人们在对稀缺资源进行分配时的目标和愿望。一般而言，优化配置的结果对某一个体的效益或利益并不是最高最好的，但对整个资源分配体系来说，其总体效益或利益是最高最好的。一种资源的优化配置可理解为该资源在某一特定时期、特定地区以一定的资源配置方式使该资源的用途和数量达到合理的安排，其根本目的是使有效的资源产生最佳的整体效益。

水资源是一种特殊的资源，其自然、环境、社会、经济属性使它有别于一般的资源，其优化配置是人类可持续开发和利用水资源的有效调控措施之一，优化配置中的合理性反映在水资源分配中解决水资源供需矛盾、各类用水竞争、上下游左右岸协调、不同水利工程投资关系、经济与生态环境用水效益、当代社会与未来社会用水、各种水源相互转化等一系列复杂关系中相对公平的、可接受的水资源分配方案上。水资源优化配置自身具有鲜明的特点：

（1）水资源区别于其他自然资源的重要特征之一是它在时空上分布的不均匀性，因此水资源优化配置不仅体现在空间上，同时也体现在时间上。

---

① 王维平，陈芳林等．滨海地区生态型水资源优化配置模型［J］．水利学报，2006，37（8）：991～995.

② 林小丽．韩江下游水资源合理配置与管理初探［J］．广东水利水电，2009（8）：39～41.

③ 张保生．深圳市水资源优化配置方法与应用研究［D］．武汉大学硕士学位论文，2005.

④ 石教智．汕头市水资源合理配置研究［J］．广东水利水电，2007（2）：39～42，51.

（2）水资源既是国民经济发展不可或缺的资源，又是人类赖以生存的基础物质条件，因此其优化配置不仅要满足社会各经济部门的用水需求，更要满足每个生命个体获取水的权利。

（3）水资源的环境属性要求，作为环境资源重要组成部分的水资源，在配置过程中要充分考虑生态环境系统对水的需求。

（4）水资源的多属性特征和水资源系统的复合生态经济系统特征寓示着，水资源优化配置的原则和方法不能等同于某些一般自然资源的配置，它必须考虑人类社会、自然生态系统和水资源技术系统之间的关系协调，谋求水资源复合生态经济系统的最佳综合功能。

水资源优化配置涉及诸多因素，如水资源及水资源系统概念的界定、社会经济系统运行、生态环境系统变化以及社会可持续发展思想、科学技术水平等，从不同出发点考虑，人们对水资源优化配置的内涵也有不同的认识，但无论何种定义，都应该涵盖和体现水资源优化配置自身的特点。目前我国有关水资源优化配置一个较为权威的定义，按《全国水资源综合规划技术大纲》的表述为“在流域或特定的区域范围内，遵循高效性、公平性和可持续性原则，通过各种工程与非工程措施，考虑市场经济规律和资源配置准则，通过合理抑制需求、有效增加供水、积极保护生态环境等手段和措施，对多种可利用水源在区域间和各用水部门间进行的调配”[①]。由此定义可得出水资源优化配置包括以下内容：①水资源配置的范围限定在一定的区域或流域内；②水资源优化配置要遵循一定的分配原则（高效性、公平性和可持续性）；③水资源配置的措施包括工程措施（水源工程、输水工程、排水工程等）和非工程措施（行政法规和经济技术管理措施）；④水资源配置中的水源的形式是多样的，包括地表水、地下水、外调水、污水回用水、微咸水等；⑤水资源配置的区域内存在多种利益集团（不同的用水部门或开发利用人员）；⑥水资源配置系统的功能不仅仅是供水，还需要兴利与除害、经济发展与环境保护兼顾，其功能是综合的、多目标的；⑦水资源优化配置系统的状态应是动态变化的（要考虑社会发展、技术进步水平、社会可持续发展要求等）；⑧生态环境用水是水资源配置中的一个重要组成部分。

综上所述，从宏观上讲，水资源优化配置是在水资源开发利用过程中，对洪涝灾害、干旱缺水、水环境恶化、水土流失等问题的解决实行统筹规划、综合治理，实现除害兴利结合，防洪抗旱并举，开源节流并重；协调上、中、下游，左、右岸，干流与支流，城市与乡村，流域与区域，治理、开发与保

---

① 水利部水利水电规划设计总院．全国水资源综合规划技术大纲［R］．北京：水利部水利水电规划设计总院，2002.

护，建设与管理，近期与远期等各方面的关系。

从微观上讲，水资源优化配置包括取水方面的优化配置、用水方面的优化配置，以及取水用水综合系统的水资源优化配置。取水方面是指地表水、地下水、污水等多水源间的优化配置。用水方面是指生态用水、生活用水、生产用水和农业用水间的优化配置。各种水源、水源点和各地各类用水户形成了庞大复杂的取用水系统，加上时间、空间的变化，水资源优化配置作用就更加明显。

从本质上来看，水资源优化配置是将水资源巨型系统中涉及社会、经济、生态环境等的各方面因素作为一个相互关联的整体，遵循自然规律和经济规律，对水循环过程中的各个环节进行综合调控，以水为中心进行发展指标的全面平衡，兼顾除害与兴利、当前与长远、局部与全局，进行社会经济用水与生态环境用水的合理分配。

（二）水资源优化配置的主要任务

水资源优化配置工作涉及流域规划中主要基本资料的收集整编、社会经济发展预测、流域总体规划、水资源供需预测与评价、灌溉规划、城乡生活及工业供水规划、水力发电规划、水污染防治规划、水资源保护规划、控制性枢纽的主要工程参数及建设次序的选择、环境影响评价、经济评价与综合分析。此外，还涉及水资源管理中的取水许可制度、水费及水资源费制度、水管理模式与机构设置、水权市场、水资源配置系统的优化调度、控制性枢纽的多目标综合利用、水管理信息系统建设（包括防汛、水量与水质监测）等内容。因此，水资源优化配置贯穿了区域水资源规划与管理的主要环节，是一个复杂的决策问题①。归纳起来，水资源优化配置研究的主要任务包括：

（1）社会经济发展：探索适合本地区或流域现实可行的国民经济产业结构及规模和发展方向，推求合理的工农业生产布局。

（2）水资源需求：研究现状条件下的各类用水结构、水的利用效率，提高用水效率的主要技术和措施，分析预测未来居民生活水平提高、国民经济各部门发展以及生态环境保护不同条件下的水资源需求。

（3）水环境污染及水生态问题：研究分析经济社会生活、生产活动过程中各类污染物的排放率及排放总量，结合不同经济发展模式与不同水资源保护治理措施下污水排放、处理、回用三者之间的相互关系，恰当评价区域水环境质量；以自然—社会—水资源复杂系统研究为基础，进行旨在水生态环境保护和恢复的水生态环境质量评价、生态耗水机理与生态耗水量分析、水

① 戴玉海．水资源合理配置基本原则及主要任务［J］．内蒙古水利，2006（4）：94，106.

资源开发利用与生态环境保护关系研究等各项工作。

（4）水价：研究水资源短缺地区由于缺水造成的国民经济损失，水的影子价格，水利工程经济评价，水价制定依据，分析水价对社会经济发展的影响及其对水需求的抑制作用。

（5）水资源开发利用方式与工程布局：水资源开发利用现状评价，供水结构分析，水资源可利用量分析，规划方案可行性分析及参数优选，以及实施方案中工程建设次序，评价水资源开发利用模式的合理性及其中各类水工程效益（防洪、灌溉、发电、供水、生态平衡支持及水环境保护等）。

（6）供需平衡分析：在不同的水工程开发模式和区域经济发展模式下的水资源供需平衡分析，确定水工程的供水范围和可供水量，以及各用水部门的供水量、供水保证率、供水水源构成、余缺水量、缺水过程及缺水破坏深度分布等情况。

（7）技术理论和方法：研究水资源优化配置的理论，如原则、目标、科学基础范畴、方法以及与优化配置相关的领域界定等，还有研究水资源优化配置的技术手段，包括区域基础水文分析、系统调度模型优化求解、管理信息系统、地理信息系统、决策支持系统和多目标决策分析等。

（三）水资源优化配置的原则

水资源作为国民经济生产重要的基础资源，它的投入和产出在全社会的合理分配具有其他稀缺资源分配的一般特性，有效性和公平性是水资源配置应该遵循的基本原则。水资源优化配置是在一定的区域内进行的，配置区域应视为社会—经济—环境的大系统，其内部各要素的整体性和协调性，是系统合理演变进化的保证，系统性应该成为水资源优化配置的原则。水资源的自然良性循环需要以及其所具有的社会、经济、生态环境等各方面的价值，与水资源对地球人类及万物生存延续的保障作用一起，共同决定了水资源持续利用的重要性和紧迫性，水资源优化配置须遵循可持续利用性原则。因此，有效性、公平性、可持续利用性和系统性应成为水资源优化配置的基本原则。

1. 有效性原则

水资源优化配置的有效性不是单纯追求经济意义上的有效性，而是同时追求对环境的负面影响小的环境效益以及能够提高社会人均收益的社会效益，是能够保证经济、环境和社会协调发展的综合利用效益。因而水资源优化配置的有效性应体现在促进社会、经济和环境协调发展的综合效益上。经济有效性是指水资源在各用水部门中的分配应该满足边际收益相等的资源最佳分配原则；社会有效性是指水资源投入产生的效益能够促进社会稳定发展和安定；环境有效性要求在水资源开发利用促进社会经济发展的同时，应使生态环境受到的负面影响降低到最小的程度，维持生态系统平衡与健康发展。

2. 公平性原则

公平性原则以满足不同区域间和社会各阶层间的各方利益进行资源的合理分配为目标。公平性原则的具体实施表现在地区之间、近期和远期之间、用水目标之间、用水人群之间对水资源的公平分配。在地区上，保证区域内各行政区之间以及行政区内部水资源的合理分配，要协调近、远期不同水平年流域治理规划和社会发展规划的水资源需求关系；用水目标上，在优先保证生活用水和最为必要的生态用水前提下，协调经济用水和一般生态用水以及不同经济部门间的用水关系；用水人群中，提高农村饮水保障程度并保护城市低收入人群的用水。

3. 可持续利用性原则

可持续利用性原则是以研究一定时期内全社会消耗的资源总量与后代能获得的资源量相比的合理性，反映水资源利用在度过其开发利用阶段、保护管理阶段和管理阶段后，步入可持续利用阶段时的基本原则。坚持可持续利用的原则，就是要抛弃传统水资源开发利用过程中只顾眼前不顾未来、只顾当代不顾后代、只顾经济发展不顾生态环境保护的错误做法，将水资源开发利用过程始终置于社会、经济、生态环境协调发展理念的指导下。总而言之，水资源的可持续利用要求在近期与远期之间、当代与后代之间对水资源的利用上需要有一个协调发展、公平利用的原则，而不是掠夺性开采和利用，即当代人对水资源的利用，不应使后一代人正常利用水资源的权利受到损害。

4. 系统性原则

系统性原则是要求在水资源优化配置中，在流域、区域、水系等三个系统层次上对水资源进行配置。以流域为基础，统一调整流域内各行政区间的用水权益关系，对干流和支流的水资源的统一配置。首先研究系统水资源的收支平衡关系，然后在这个统一的基础上进行当地水和过境水的统一配置、原生性水资源和再生性水资源的统一配置、降水性水资源和径流性水资源的统一配置等。将水量平衡、水沙平衡、水盐平衡、水环境容量平衡联系起来考虑，并在不同层面上，将流域水循环转化过程和国民经济用水的供、用、耗、排过程属性串联起来，应用到资源分配问题中。

需要说明的是，上述四大原则是相互联系、相互制约的，单纯追求或放弃任何一个原则都是不可取的。只有在水资源配置中协调统一四大原则，才能真正达到水资源的优化配置。

（四）水资源优化配置的具体方式

水资源配置的具体方式表现在空间配置、时间配置、用水配置、水源配置和管理配置等五个方面①。

1. 空间配置

通过技术和经济力量改变各区水资源的天然条件和分布规律，促进水资源的地域转移，解决水土资源不匹配的问题，使生产力布局更趋合理。流域内通过强化管理调整上下游用水关系，为增加下游供水进行河道整治及现有工程挖潜改造。流域间进行跨流域调水，提高大范围内水—经济—生态的协调程度，通过水资源的优化配置，促进流域产业结构和布局的调整。

2. 时间配置

解决水资源时程分布与用水的时程不相协调的问题。通过水库工程加强对径流的调蓄能力，蓄丰补枯，加强管理，满足经济社会和生态环境对水资源的需求；同时，优化水库工程的调度运行方式，调节特定水资源量在时程上的分配，在兼顾公平的前提下实现更大的效率。

3. 用水配置

以有限的水资源满足人民生活、国民经济各部门、环境生态对水资源的需要。重点解决经济建设用水挤占生态环境用水，以及经济发展用水中城市用水挤占农牧业用水的问题。经济用水和生态用水统一配置，在保障生产发展的同时维持和改善生态环境，解决生态环境脆弱的问题。

4. 水源配置

解决多种水源的联合开发利用问题。过量开发利用地表水或地下水资源都会引起问题。在水源的配置上，积极拦蓄雨水，合理利用地表水，科学利用地下水，努力使污水资源化，以及科学开发海水资源。

5. 管理配置

解决重开源轻节流、重工程建设轻管理的外延用水方式问题。采用多种手段和措施促进水资源管理，通过“总量控制、定额管理”，促进节水型社会建设。运用法律、经济、行政和科技手段提高用水效率。在配置过程中，必须坚持侧重生态的宏观配置与以经济为主的市场配置相结合的协调配置方式，实现有限水资源的整体效益更加合理。

二、东江流域滨海区概况

（一）东江流域水资源概况

东江发源于江西寻乌县桠髻钵，流经龙川、东源、源城、紫金、惠阳、惠城、博罗，至东莞市的石龙，分南北两水道入狮子洋，经虎门出海。东江

① 王士武，陈雪等．水资源合理配置诠释［J］．浙江水利科技，2006（3）：54～55，59.

干流全长 562 千米，其中广东境内 435 千米，流域总面积 35 340 平方千米，广东境内约占 90%。东江主要支流有安远水、浰江、新丰江、秋香江、西枝江、淡水河、公庄水和石马河等。

1. 水资源特点

东江流域水资源特点总体表现为总量丰富但人均占有量少、时空分布不均、人均占有量与经济发展不匹配，具体情况如下：

（1）水资源量较为丰富但人均占有量少。

东江流域多年平均年降水量 1 753 毫米，年降水量 474 亿立方米。根据 1956 年—2000 年水文资料统计分析，东江流域内多年平均的地表水资源量、地下水资源量分别为 326. 6 亿立方米、83. 4 亿立方米，扣除重复转换部分，总的水资源量为 331. 1 亿立方米，水资源量较为丰富。东江水资源总量虽然丰富，但是按受水区人口 3 000 余万人计算，则人均水资源量约 1 100 立方米/年，低于国际公认用水紧张线 1 700 立方米/年，是我国南方湿润地区最早出现整体水资源供需矛盾的流域之一。

（2）水资源地区分布不均。

东江流域上游东北面是山脉的背风坡，水汽输入受阻，故东江流域上游一带年降水量偏少，年平均降水量 1 600 毫米；东江流域中、下游广大地区处于暴雨高区，年平均降水量达 1 800 毫米 ~ 2 000 毫米；东江三角洲地区地势开阔，不利于水汽停滞和抬升，年平均降水量为 1 600 毫米。水资源的地区分布与降水基本是一致的。

（3）降雨、径流年内分配不均，年际变化很大。

东江流域降雨多发生在 4 月—9 月，其降雨约占全年的 80%，年内降雨分布不均；降雨年际变化也很大，年最大降雨与年最小降雨的比值为 2. 11 ~ 3. 59。径流年内及年际变化与降雨一致，以博罗水文站为例，多年平均径流量为 247. 2 亿立方米，但年际变化大，最大、最小值的比值达 3. 2；径流年内分配十分不均，博罗站多年最小月平均天然流量均值仅为多年年平均天然流量的 21%，径流量仅占 2. 0%，10 月至翌年 3 月枯水期多年平均天然径流量只是多年平均径流量的 24%，4 月—9 月汛期多年平均天然径流量占多年平均径流量的 76%。

（4）区域水资源人均占有量与经济发展不匹配。

按本地水资源统计，东江流域的区域人均水资源的拥有量差异较大，与经济发展情况很不匹配。根据 1956 年—2000 年的水文资料显示，上游较落后的河源市，当地人均水资源量多年平均值为 6 679 立方米/人，中游的惠州市为3 849 立方米/人，而下游发达城市东莞和深圳则不足 400 立方米/人，低于国际缺水线标准（500 立方米/人）。可见流域下游城市属缺水地区，对上游的入境水依赖程度十分显著。

2. 水资源开发利用状况

东江是珠江流域片中水资源综合开发利用较好的一个流域，至 2005 年底，东江流域建有蓄水工程 8 026 宗，设计供水能力 27.9 亿立方米，其中新丰江、枫树坝、白盆珠、天堂山和显岗 5 宗为具有年或多年调节能力的大型水库工程，总库容达 174.29 亿立方米；提水工程 2 378 处，设计供水能力 39.3 亿立方米，引水工程 8 806 处，设计供水能力 23.1 亿立方米，其中大型供、引水工程有东深供水工程、东莞运河引水工程、广州东部供水工程、大亚湾工业区和捻平半岛供引水工程。

（二）研究区域东莞市的概况

1. 自然地理环境

东莞市位于广东省的中南部，珠江入海口东侧，北临东江，西临珠江出口狮子洋，东邻惠州、博罗，南接深圳市宝安区，地处东经 113°31′至 114°15′，北纬 22°39′至 23°09′，东西宽 76 千米，南北长 40 千米，总面积达 2 472 平方千米。

东莞市河流归属东江水系，有“一江两河”之称，一江就是东江，两河分别是石马河和寒溪水，东江是东莞的入境河流，石马河和寒溪水是东莞市境内的两条主要河流。除此以外，还有长度大于 10 千米的包括东引运河、茅洲河及重要水道共 29 条，总长 768.6 千米。

东江流经东莞市的石龙，分北干流和南支流经东江三角洲网河入狮子洋，从虎门出海。东江干流由东往西沿东莞北部边缘穿过，东江在东莞市境内长 35 千米，石龙以上流域面积 27 040 平方千米。

石马河为东江支流，发源于宝安大脑壳山，流向从南往北，全长 88 千米（东莞境内 64 千米），流域面积 1 249 平方千米（东莞境内 673 平方千米），其下游与潼湖水相汇后，在建塘口上游约 1.1 千米处的新开河口流入东江。寒溪水位于东莞市境内北部，流向从南往北，河长 59 千米，流域面积 720 平方千米，在峡口处入东江。

东引运河在峡口处连接寒溪水，于仁和水上游的横沥、石排地段开凿人工河抵企石与旧石马河连接。无坝引东江水进入企石河，目前已无法自流引水，设计流量 53 立方米/秒，沿河经 15 个镇（区），下游主要出口有镇口、磨碟口，最后在独墩汇入茅洲河，全长 102 千米。

2. 社会经济

东莞市现直辖 4 个街道办和 28 个镇。4 个街道办分别为莞城、东城、万江、南城。28 个镇分别为石龙镇、虎门镇、中堂镇、望牛墩镇、麻涌镇、石碣镇、高埗镇、道滘镇、洪梅镇、沙田镇、厚街镇、长安镇、寮步镇、大岭山镇、大朗镇、黄江镇、常平镇、横沥镇、东坑镇、茶山镇、凤岗镇、樟木头镇、清溪镇、塘厦镇、谢岗镇、桥头镇、企石镇、石排镇。

2007 年全市总人口为 694.72 万人，以外来人口为主，户籍人口 171.26 万人，城镇化率达到了 85.2%。按国际划分标准，东莞已接近中度城市化水平。

2007 年全市地区生产总值 3 151.91 亿元，按常住人口计算，人均为 4.6 万元。其中，第一产业增加值 11.90 亿元，第二产业增加值 1 790.97 亿元（工业增加值 1 714.49 亿元，建筑业增加值 76.48 亿元），第三产业增加值 1 349.04 亿元。第一、二、三产业比重为 0.4∶56.8∶42.8。

3. 水资源状况

（1）水资源量。

东莞市多年平均降水量为 1 693 毫米，降水量年内分配不均匀，连续最大 4 个月降水量多出现在 5 月—8 月，占年降水量的 60% ~65%，汛期 4 月—9 月多年平均降水量占年降水量的 84% ~90%。多年平均年水面蒸发量为 1 196 毫米。

东莞市多年平均水资源总量为 20.76 亿立方米，其中地表水资源量多年平均值为 20.52 亿立方米，多年平均地下水资源量为 5.63 亿立方米，两者重复计算量为 5.39 亿立方米。全市境内多年平均地表水资源可利用量为 11.71 亿立方米，占境内地表水资源量的 57.1%。

而东莞市的用水主要依靠东江的入境水资源。根据博罗站 1956 年—2000 年水文统计资料以及河道内需水（压咸、航运及生态等）和汛期不可利用的洪水计算结果，东江入境水资源多年平均可利用量为 110.4 亿立方米。

（2）水资源质量。

《2007 年东莞市水质调查报告》表明，在布设的 9 个河流断面中，其水质全部超过Ⅲ类标准，主要超标项目为氨氮、溶解氧、五日生化需氧量和高锰酸盐指数等指标。可见河流水质较差，形势比较严峻。

在监测的 13 个水库中，只有两个水库达到Ⅲ类水水质标准，同时水库富营养化严重。水库水质主要超标项目为总氮、氨氮、总磷。

2004 年—2007 年对东莞市已划定的 78 个水功能区进行的水质监测表明，仅有 9 个水功能区达到其水质管理目标，水功能区达标率为 12%。

东莞市地下水水质稳定，能满足一般用水要求，而影响地下水水质的主要因素有 pH 值、低价铁和铵离子等。

4. 现状供水工程及供水能力

（1）蓄水工程。

截至2007年底，东莞市共有水库116座，总库容3.84亿立方米，兴利库容2.34亿立方米。其中中型水库7座，小（一）型水库45座，小（二）型水库64座。中型水库包括同沙水库、横岗水库、松木山水库、茅輋水库、契爷石水库、虾公岩水库和黄牛埔水库。蓄水工程设计年供水能力3.64亿立方米，现状供水能力为3.90亿立方米。

（2）引水工程。

截至2007年底，东莞市现有引水工程75座，其中大、中型引水工程各1座，小型引水工程73座。引水工程总设计引水流量122立方米/秒，设计年供水能力为6.72亿立方米，现状供水能力为5.37亿立方米。

（3）提水工程。

2007年底全市共有提水工程292座，全部为小型提水工程，包括灌溉提水工程、东江水厂提水工程以及工业生活自备水源供水工程。其中，自来水厂日供水能力为650万立方米，2007年供水总量为17.74亿立方米；工业生活自备供水设施供水总量达3.80亿立方米，供水设施主要集中在造纸、印染、火电等工业用水大户。

（4）地下水供水工程。

2007年东莞市对地下水资源的利用量较小，主要集中在东部和南部少数几个镇，供水能力为704万立方米/年。

2007年全市各类供水工程实际供水量22.67亿立方米，其中蓄水工程供水量为2.11亿立方米，占总供水量9.3%；引水工程供水3.18亿立方米，占总供水量14.0%；提水工程供水17.38亿立方米（含地下水），占总供水量76.7%。总供水量中，直接取自东江水源的供水量超过20亿立方米，占总供水量的90%以上。按水源类别分类，地表水供水为22.60亿立方米，地下水为0.07亿立方米。

2007年本市用水总量为22.67亿立方米，其中农业用水1.05亿立方米，工业用水14.81亿立方米，生活用水5.33亿立方米，建筑业、第三产业及生态用水为1.48亿立方米。各行业用水中，工业用水量占总用水量的比重最大，为65.3%；其次为生活用水，占总用水量的23.5%。工业和生活用水量已经占了总用水量的88.8%。

（三）东莞市水资源开发利用存在的主要问题

新中国成立以来，东莞市的水资源开发利用一直着重于水源和供水工程的建设，以满足社会不断增长的用水需求，对保证当时的水资源供需平衡起到积极的作用。但随着社会和经济的发展，人们对水提出更高的要求，水资源的有限性及由此带来的污染问题和用水量不断增长之间的矛盾越来越突出，不仅因为已建工程老化和管理不善，工程维护投入不足，影响工程的供水能力，更主要的是对水资源开发、利用、治理的同时，忽视了对水资源的配置、节约和保护，造成水资源利用效率不高，水环境恶化，加剧了水资源开发利用的供需矛盾。东莞市水资源开发利用存在的主要问题如下：

1. 城镇供水以东江为主要水源，东江水量、水质的变化对东莞市供水安全影响很大

东莞市位于东江流域下游，地处东江入海口，近年经济和人口增长很快。据调查，2007 年全市供水工程供水总量为 22.67 亿立方米，其中直接以东江来水为供水水源的供水量占全部供水量的 90% 以上。供水保证程度主要取决于东江的来水过程。由于东江流域经常出现多年连丰或连枯的现象，加之径流年内分布不均，70% ~80% 以上的径流量集中在汛期，致使东莞市的枯季供水安全常常受到威胁。东莞市目前枯季供水安全保证率较低，而今后东江上游地区及市内需水将进一步增长，东莞市的枯季供水将面临更为严峻的局面。

2. 境内的当地水资源及水库蓄水库容未能得到充分的利用，供水工程调蓄能力较差

东莞市当地蓄水工程建设有一定的基础，但水资源开发利用率较低，目前仅为 16% 左右。水库的功能基本上是以防洪、灌溉为主，供水为辅，近年来，随着经济的飞速发展、产业结构的调整，农业灌溉用水量急剧减少，但蓄水工程的功能并未及时得到调整，导致蓄水水库库容未能充分利用。当地水库设计年供水能力为 3.64 亿立方米，2007 年当地水源供水量为 2.1 亿立方米，仅占已建水库设计供水能力的 57%；全市供水结构中蓄水占 9%，引水占 14%，提水占 77%，说明供水工程的调蓄能力较差。还有一部分水库处于闲置状态，目前已经没有农田灌溉、生活和工业用水需要。

3. 用水效率低，节水潜力较大

随着东莞市产业结构的改变，其用水结构也发生了明显变化。1980 年全市农业用水量占 88%，而到了 2007 年城市供水量占了 88% 以上。农业用水量锐减，而工业用水问题突出。2007 年万元工业增加值用水量为 86.4 立方米/万元，约是深圳市和国际先进水平的 4 倍。2000 年东莞市工业用水重复利用率仅为 6%，尽管 2007 年有较大增长，达到了 25%，但是仍然远低于深圳和美国，提升空间巨大。由此可见，东莞市工业节水还有较大潜力可挖掘。此外，东莞市自来水的城市供水管网漏损率为 13.5%，与先进水平相比较高。

4. 河流及水库水污染问题突出，存在水质性缺水问题

经济发展造成当地水源严重的污染，经监测分析，境内河流由于污水处理程度不高，产生的大量污水一部分排入水库，一部分流入境内河流，造成目前当地水源河流水系几乎有水皆污、水质差、底质污染严重的结果。从近年对东莞市主要河流进行的水质监测资料分析可知，除东江干流、东江北干流上段和少量供水水库能保持Ⅱ类～Ⅲ类饮用水水质外，其他水体质量均较差。目前东莞市本地水资源由于水质污染的影响，其中大部分已不能作为生活饮用水源，而只能作为农业用水加以利用。由于在不断开发水资源的同时没有处理好水污染问题，水资源保护措施不力，因此造成水质性缺水。

5. 咸潮上溯加剧，威胁供水安全

东莞市自 20 世纪 90 年代起由于东江连续挖砂，河床下降，东江上游需水的增长使来水流量减少，引起咸潮上溯加剧，造成咸潮上移至博罗一带。东莞中部及沿海片部分镇区经济发达，自东江取水距离较长并处于供水系统末端，因此一遇咸潮威胁，其供水量、水压与水质均受到严重影响。2004 年 11 月份以来，遇干旱及天文大潮期，又受咸潮影响，因此部分水厂不得不停水，给东莞市居民生活及经济的发展带来较大不利影响。而东江的径流特点和规律决定了仅靠从东江增加水厂工程，已经不能够满足城市供水安全保证的需要。

6. 供、用水管理体制不适应水资源统一管理要求

由于水资源管理不是产、供、排、治理一体化管理，造成了东莞市的源水、供水、排水管理的脱节，水行政管理处于分割状态，供水与排水管理相分离，地表水与地下水管理相分离，水资源的总体调度与城镇供水相分离。水资源无法从整体、从全局合理调度，因此用水效率低下，节约用水、计划用水无从实施。多头管理造成对水资源的竞相开发、不合理利用和经营，难以实施水资源的优化配置，使得供水、排水、污水处理回用等问题无法协调统一，达到良性循环，从而阻碍了水资源的高效利用。

三、东莞市水资源优化配置思路与对策

随着国民经济的发展，东莞市对水资源的需求量也日益增长，而本地水资源匮乏、水资源开发利用效率低、水质恶化、咸潮上溯等现状使该地区同时面临着资源性、工程性和水质性缺水问题，突出的水资源供需矛盾已成为东莞市国民经济发展的严重制约因素。因此，协调好入境水与当地水的关系，在以入境水为主要水源的同时充分利用当地水资源及已有蓄水工程的调节能力，实现水资源的优化配置，这对于促进东莞市经济、社会、资源和环境协

调发展具有重要的战略意义。

针对现状供用水存在的问题，以提高水资源开发利用与经济社会发展、生态环境保护之间的协调程度为目标，东莞市水资源优化配置的基本思路是：强化节水措施，抑制需水的过快增长，全面开展节水型社会建设；充分利用当地水资源以及发挥现有蓄水工程的调蓄能力，合理利用东江水资源，构建多水源联合调度系统，利用洪水资源，以丰补枯，拒咸蓄淡，提高水资源利用率；加大治污力度，保护水资源，改善境内水资源的质量和水生态环境。

（一）抑制需水量的过快增长

长期以来，东莞市对于水资源的需求一直维持着快速增长的势头。据统计，城市系统用水（包括居民生活、工业、建筑业和第三产业）由1995年的12.14亿立方米增加到2007年的21.62亿立方米，年均增加量为0.79亿立方米，增长率为5%。日益增长的需水量对于该地区的供水造成的压力也越来越大，而为缓解供需矛盾，必须改变以往东莞市用水量增长过快的局面，特别是要压缩经济发展用水的增长率，对用水实行“总量控制、定额管理”相结合的原则。

为了有效抑制需水量的过快增长，应结合社会经济结构的调整和水资源利用方式的转变，以工业节水为重点，对目前各个用水部门实行相应的节水措施，实现全社会用水的高效和合理利用，以支持东莞市经济社会的可持续发展。

1. 农业节水措施

农业节水以种植业节水为主。主要节水措施包括采用工程技术措施，进行灌溉设施技术更新改造，以提高灌溉水的利用系数；同时结合非工程措施，在工程管理上实行用水总量控制，加强定额管理，推广节水灌溉制度和农业节水先进技术，使农业用水效率、农田水分生产效率总体达到较高节水水平。

2. 工业节水措施

工业节水是通过采取各种节水措施控制总用水量，建设节水型工业体系。工业节水主要措施是：保持以电子信息、电器机械、纺织服装等行业在区域竞争中的领先地位，大力发展高新技术产业、绿色制造业和信息产业，运用新技术改造传统产业，加快产业结构优化升级，降低单位产值的用水量，提高水的生产效率；通过生产工艺和设备改造，减少水的消耗，提高用水的重复利用率；同时实施调整水价等措施抑制用水量的不合理增长现象。

3. 城镇居民生活节水措施

以全面推行节水型用水器具和城镇供水管网技术改造，减少输水、用水环节的跑、冒、滴、漏等浪费现象，节约用水、合理用水。加大城镇生活污水处理和回用力度，积极推进不同水价，以价格杠杆促进节约用水，使总用水量增长率逐步降低，提高生活用水效率。

（二）稳定和扩增供水水源

东莞市城市供水系统现已形成以入境水源为主、当地水源为辅、其他水源不易发挥作用的格局。东江水源已成为东莞市最重要、最稳定的供水水源，2007 年东江水源占总供水量的 90%，而境内水库库容没能很好应用，同时由于石马河及寒溪水污染严重，也未能加以利用。这样的配置格局给东莞市的供水带来的主要问题是过分依赖东江入境水源供水，牵涉问题多、情况复杂，受到诸多方面的制约。

针对这些问题，东莞水资源配置的关键是要稳定东江水源，增加当地水资源的利用率，加大调蓄能力，同时充分研究利用东江雨洪资源，优化流域水资源调度，以及进行跨区域调水。

1. 推进东江与东莞市水库联网供水水源工程，提高水资源的引、调、蓄水力度

为保障东莞市供水安全，以现有多口提水工程和供水水库为基础，结合现有水库的分布条件，将中部地区 3 座中型水库（同沙、横岗、松木山）及可能的 6 座小型水库（水濂山、白坑、芦花坑、五点梅、马尾、莲花山）串联，以松木山水库为调节枢纽，并新增东江干流黄大仙取水口，通过补水总干道与松木山水库衔接，形成以东江水源为主、水库调蓄为辅，与原有供水系统相协调衔接的水资源优化配置体系，在充分利用本地水源的同时，利用蓄水工程具有调蓄能力的优势，从而更合理地利用东江丰水资源。供水方式由原来的多口争水向集中补水、多水源供水转变。联网水库供水范围主要为长安、虎门、大朗等缺水较严重镇区。

东江与水库联网供水水源工程可充分利用本地水资源及发挥现有蓄水工程调蓄能力，合理利用东江丰水资源入库调蓄，以丰补枯，全面提高东莞市的供水保证率。

2. 与周边的城市协商合作，合理开发利用东江水资源

（1）与惠州市协商扩建观洞水库，跨地区向东莞调水。

观洞水库是已建的中型水库，位于惠州市潼湖地区，总库容为 0.46 亿立方米，原设计功能以灌溉为主。该水库具有如下优越条件：水库库区属丘陵山区，既没有集中居民点，也没有工厂，水库增容工程建设时，不存在大量移民安置等问题；区位优势明显，观洞水库位于东江之滨，离东江只有 3 千米，距东莞市较近，沿途水量损失小，利于引用东江洪水资源进行调水；水质较好，可达国家Ⅱ类水水质标准；工程较简单，施工难度不大。因此可

考虑将该水库进行增容扩建，将其功能转换为供水水源水库，东莞市购买观洞水库部分水权，枯水期东莞缺水时便可由该水库供水，满足东莞市枯水期的用水需要。其中水库扩建投资由东莞市承担，效益与当地分摊，从水库到东莞引水管道工程皆由东莞市规划设计和投资建设；地方政府作为水市场的市场交易主体要代表地方利益就区域水权问题参与政治民主协商和切实保护好区域内用水部门的利益。

观洞水库可作为东莞市的重要特枯年储备水源，由该水库调水至东莞的跨区域调水工程，对解决东莞市特枯年供需缺口的水量问题具有重要意义。

（2）与广州市协商建设东莞市拒咸挡潮工程。

针对东江下游及三角洲河段河床下切、水位降低，咸水和污水上溯带来的一系列问题，可考虑建设“东江三角洲拒咸工程”，即在东江南支流下游水道建设闸坝，其开发目标和任务为：拒咸挡污，改善枯水期供水水质；解放部分压咸流量，在枯水期增加东莞市的供水量，满足供水要求；保障沿途抽水泵站的抽水水位，提高供水保证率。

闸坝的调度方案目的是保证枯水期的供水和拒咸，为减少闸坝对周边区域环境造成的影响，闸坝在枯水期下闸拒咸，可达拒咸挡污作用，汛期则开闸恢复天然水道。枯水期闸坝关闭时，由于东江北干流不建闸，北干流的水位有所抬升，落潮流量明显增加，涨潮流量明显减少，因此，枯季闸坝调度也有利于北干流的压咸，对广州市东江引水不会产生不利影响。拒咸挡潮工程宜与广州市协商，共同促进“东江三角洲拒咸工程”的建设。

（3）共同促进新丰江、枫树坝、白盆珠三大水库的优化调度问题和协调理顺东江水量分配问题。

新丰江、枫树坝、白盆珠三大水库的联合调度是实现东江流域水资源优化配置的关键，为有效利用丰水期大量的弃水，保证下游城市水资源供水安全，三大水库的调度方式需由防洪、发电、供水兼顾航运为主转变为防洪、供水和发电兼顾航运为主。东江流域下游的东莞市需共同促进东江三大水库调度方式的转变，推动东江水库调度的法制化建设，并辅以适当的工程措施用于满足流域内及流域外（香港、深圳、广州东部）的取水以及三大水库至东莞石龙各段的供水、压咸、环境用水保证率的要求。同时要协调理顺东江水量分配问题，妥善解决上、下游用水的供需矛盾。

3. *扩建和新建本地蓄水工程，提高本地水资源的调蓄能力*

已建蓄水工程为东莞市的供水安全和防洪安全提供了强有力的保障，多年来，东莞市政府、市水利局及各镇区政府不断地对水库进行加固改造，使现有水库基本达标。但随着经济的发展和城市化进程的加快，水库的农田灌溉功能逐步消失，而水库功能未能相应转变，以致部分水库库容被挤占，水库周围环境被破坏，水质得不到保护，蓄水库容未能得到充分利用。为充分利用已建水库，增加东莞市的供水，笔者结合当地实际情况进行调查分析，认为很有必要对具备条件的中部四座水库（松木山水库、同沙水库、横岗水库、大溪水水库）进行扩建，恢复并挖深沙田淡水湖，同时对已建水库实施底泥清淤、截污等水源保护措施。

新建蓄水工程包括新建海滩水库和淡水湖蓄水工程，新建的蓄水工程主要集中于较为缺水的西部沿海地区。

西部沿海地区年降水量还算丰沛，与东莞市其他地区相比没有很大的差异，关键在于沿海缺乏蓄水工程和调节库容，对天然径流的调控能力差，只能靠河槽极有限的调蓄库容，因此导致大量降雨径流由于没有“截”、“蓄”工程而白白流失掉。目前西部沿海区水源地较为单一，用水很大程度上依赖于东江的来水过程，加上水厂取水口分散，枯水期受到咸潮上溯的影响，供水安全性受到威胁，因而该地区是东莞市供水中工程措施较为薄弱的地区。在滩涂建设海滩水库，拦截本地雨水资源，既能调节季节性缺水，缓解沿海紧缺的淡水资源，又为水产养殖、湿地经济、环境保护等提供一定的水源保障，因此无论是从水资源本身，还是从社会经济、生态环境来讲，建设海滩水库都是一项有效的措施。海滩水库的选址、蓄水水源都是值得探讨的重要问题，东莞市海滩水库的建设可以借鉴国内一些沿海省市的成功经验①，如浙江宁波慈溪市的四灶浦水库、香港的船弯水库和万宜水库等。

除了建设海滩水库，还可以利用沿海地区的地理特点新建淡水湖，提高沿海地区对径流的调控能力，并通过建闸蓄水向用水量大的工业和生活用户供水。

（三）多渠道开发利用其他各类水资源

在水资源越来越紧缺、供需矛盾越来越突出的情况下，积极寻找污水处理回用水的用户对象，开辟利用污水处理回用等水源是必然的选择。

此外，东莞市目前利用海水直接作为一些电厂的冷却水，这部分电厂及工业用水量的增长应考虑全部靠扩大海水直接利用率来解决。

1. 污水处理再回用

“污水资源化”将污水作为第二水源，是解决水危机的重要途径。污水可以成为一种稳定的再生水源，回用于许多方面，比较现实易行。污水回用是合理利用水资源、保护生态环境的有效措施，是造福子孙后代的长远方针。

---

① 岑亚达. 新颖的水资源开发工程——海涂水库［J］. 浙江水利科技，1994（3）：63.

东莞市的污水经污水处理工程处理后，按《广东省水污染物排放限值》一级标准排放，除了供给环境生态用水，还可以回用于工业的火电、造纸、印染等对水质要求不高的行业，这既节省了水资源费、远距离输水费和基建费，同时也减少了排污量，带来很大的环境效益。

2. 城市雨水利用

雨水利用对调节和补充城市水资源量、改善生态环境起着极为关键的作用：将雨水用作中水或中水补充水、城市消防用水、浇洒绿化用水等方面，可有效地节约城市水资源量，缓解用水与供水的矛盾；合理有效的雨水利用可减缓或抑制城市雨水径流，提高已有排水管道的可靠性，防止城市型洪涝，减少雨季合流到排水管道雨季的溢流污水，改善受纳水体环境；通过工程措施截留雨水，并入渗地下，可增加城市地下水补给量；雨水的储蓄可以加大地面水体的蒸发量，创造湿润的气候条件，改善城市的生态环境。

城市雨水利用是一个复杂的系统工程，涉及城市基础条件、雨水利用基础理论、技术设施、经济手段、政策与管理等各方面，需要全方位协调才能有效地推广应用，并取得良好的经济与环境效益。目前东莞市尚需加强雨水利用的基础理论和技术设施研究以及建立有关管理的法规和政策。

3. 海水利用

海水利用主要包括海水直接利用方式，在用户上有一定的限制。东莞市目前只有位于虎门镇的沙角电厂和虎门发电厂利用海水作为工业冷却水源，年利用量为27.6亿立方米。根据有关资料对海水淡化的分析，海水淡化单方水的投资与常规水源工程相近，说明具有较强的竞争力，淡化海水有可能作为沿海地区的稳定供水水源，因此值得进一步研究推广应用。

（四）有效地保护水资源

水资源保护是水资源配置中需要特别重视的一项工作。由于东莞市污水排放量和入河污染量的持续增加，加之河道自净能力小、环境容量有限，多年的污染累积造成水环境污染、生态环境严重恶化。针对东莞市水环境问题的具体情况，保护水资源的主要措施包括：①加快城镇污水处理厂设施建设，扩大污水处理建设规模和提高城镇生活污水集中处理率，同时加强污水管网建设和重视污泥的集中处置；②加强工业污染源控制，按照突出重点、分类治理、优化整合、到期关闭的原则，深入开展重点污染企业的整治，有效地防治工业污染；③综合防治面源污染，加强畜禽养殖业污染整治，清理、整治市域内所有养殖场，规范管理，建立防治的长效机制；④加强全市饮用水源地的保护，全面开展水源保护区污染源的整治；⑤建设循环经济型企业，运用高新技术改造传统产业，加强主要污染物排放量的控制，同时开展废水循环利用，创建一批废水“零排放”企业；⑥健全有关的法律法规，增强执法力度，依法保护水资源。

为有效地保护水环境、修复和改善东莞市境内河流的生态环境，除要加大污染治理力度，减少污染物入河量外，还要增加补充河道内的水量，保持河道水体的流动性，提高水环境容量，增强与境外水体的交换能力，以利于污染物的扩散。

四、东莞市水资源优化配置特点分析

东莞市规划水平年的水资源优化配置，是在现有供水工程条件下，考虑进一步新建供水工程、强化节水、污水处理再利用以及改变现有东江三大水库调度方式等工程和非工程措施，以及调整优化产业结构和保护生态环境等措施，进行水资源的配置，满足东莞市生活、工业等各用水户的用水需求，并尽可能使水资源调配产生最佳的综合效益。

东莞市水资源优化配置的特点主要体现在如下四个方面：

1. 水资源系统网络

水资源系统网络图是进行水资源配置计算的基础，以概化形成的点（供水工程）、线（退水线路）、面（区域用水）元素为支撑。通过对概化后的水资源系统网络图进行水资源配置分析可知，东莞市处于东江下游，水体众多，用于水资源配置分析的系统网络图结构较为复杂：不仅分水结点、取水结点数量多，而且输水河道或渠道中的水流流向在不同条件下可能经常变化，输水渠道的渗漏及对地下水的补排关系也将随之呈多样性变化。基于这种系统网络图的水资源配置难度必然会增大。

2. 枯水期的水资源供需问题

东莞市水资源供求的关系是平、丰水年基本不缺水，而枯水年、枯水期供需水矛盾突出，供水保证率不高，加之近年来由于海水上溯的增强，使得供水水源的水质受到咸潮的影响越来越大，从而对城市供水安全造成威胁。因此东莞市的水资源配置主要是关注枯水期和连续枯水年上下游、左右岸、干支流等不同区域经济社会发展对水资源的需求问题。

3. 生态环境用水问题

生态环境用水对于保障水资源开发利用与社会经济建设、生态环境协调发展具有重要的意义。南方滨海区由于水量较丰富，生态环境用水问题目前不是很突出，还没有引起足够的重视。但随着经济社会的发展，生活生产用水的大幅增加，生态环境用水不断被挤占，导致了生态用水的短缺，从而使生态环境恶化。生态环境的功能一旦受到破坏必将危及人类自身生存的安全，而恢复和重建既需要较长时间，还将耗费大量的人力和物力。因此，东莞市在开发利用水资源和进行水资源配置的同时，必须权衡社会经济用水与生态环境用水的矛盾，关注并预留足够的生态环境用水，保证生态环境用水，处理好用水与发展、人与自然的关系。

4. 水环境污染问题

东莞市经济发达，人口密度大，加之社会经济用水效率较低，供、用、耗、排过程中缺乏有效管理，使得社会经济废污水排放量巨大，天然水体的纳污能力日益下降，水环境污染十分严重，水质性缺水问题日益突出。因此，水资源合理配置应充分考虑水功能区划的水质目标、水体的纳污能力、水污染防治及水生态环境保护等，分析水体的水环境容量、污水与用水之间的关系以及污水排放和水体纳污量间的关系，并控制好各水域污染物质的排放总量。

第三章　水资源优化配置模型研究

一、水资源系统分析

（一）水资源系统的含义

关于系统的定义，不同学科或不同学者有不同的认识，一般来说，系统是指在一定环境下，为实现某一目标，由若干相互制约、相互联系、相互作用的因素或部分组成的具有特定功能的有机整体。由定义可看出，系统由两部分组成：一是系统本身；二是系统所处的环境。按系统与环境的关系，系统可分为封闭系统和开放系统，如图3－1所示。当系统与环境间有物质、能量、信息交换时称为开放系统，当两者没有明显的物质、能量、信息交换时则称为封闭系统。一般而言，系统多属于开放系统，严格的封闭系统是不存在的，但当其间的交换能量很微弱、可以被忽略时，该系统可被看作封闭系统。系统本身又包含三个要素，系统输入、系统处理（又称系统运行）、系统输出。系统的功效在于，针对某个特定环境，对输入进行处理，产生输出。

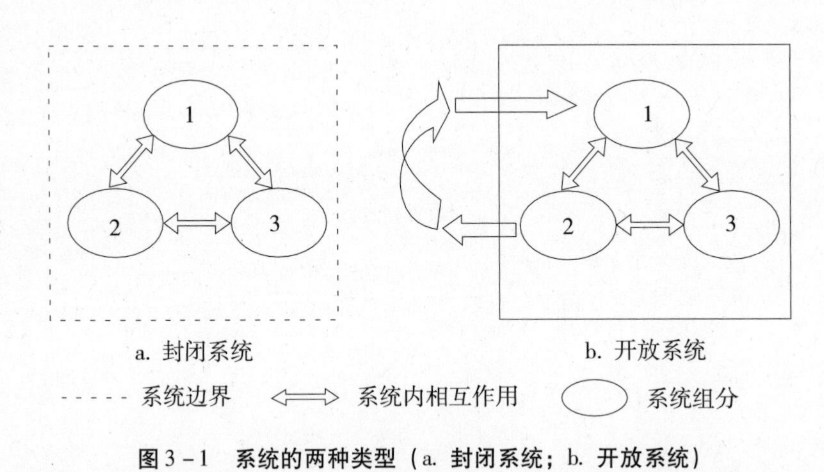

图3－1　系统的两种类型（a. 封闭系统；b. 开放系统）

处在一定环境下，为实现水资源的开发目标，由相互联系、相互作用的若干水资源工程单元和管理技术单元组成的有机整体构成了水资源系统。水资源系统是由水资源自然子系统和人工子系统合成的复杂系统。前者由流域降水、地表径流、地下水、水文、地质、地貌、植被等自然要素组成，后者由水库、水电站、城市供水系统、管理法规政策等组成。由于水资源的特殊性，水资源系统的特点有别于一般的系统，如图 3 – 2 所示。其特点主要表现为：①多学科性。水资源系统是自然和人工相结合的复合系统，其研究和分析涉及多学科的知识。②多目标性。水资源是生活、社会生产、生态环境不可缺乏的资源，水资源系统从本质上讲具有多目标的特点，不同的目标间也许是相互矛盾的，甚至是不可公度的。③层次性。层次性是系统的基本特征，水资源系统本身也具有层次性，如流域水资源系统—区域水资源系统。④不确定性。作为主要输入项的降水、径流具有强随机性，使得水资源系统具有显著的不确定性。⑤时空不均匀性。降水量和蒸发量的时空动态变化决定了水资源系统的时空不均匀性。⑥非线性。水资源系统中约束条件和函数关系多是非线性的，非线性问题的处理一般比线性问题复杂得多。⑦脆弱性。水资源的承载力是有限度的，超出其承受限度，水资源系统将会失稳，会引发水安全问题，甚至出现生态环境的不可逆破坏。

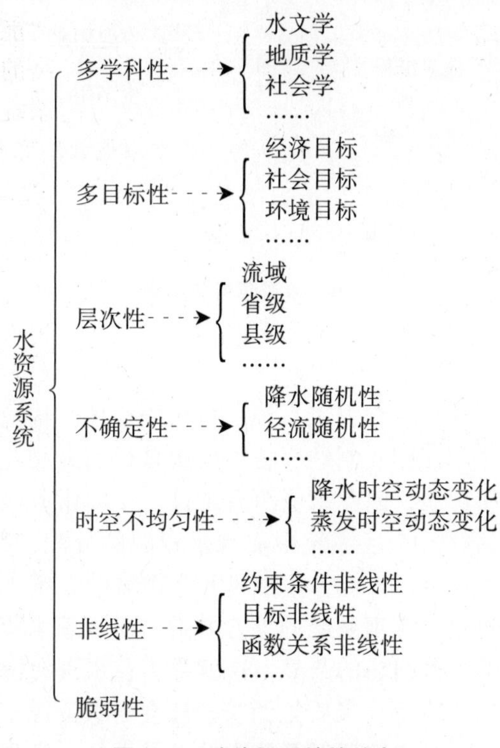

图 3 – 2　水资源系统的特点

随着人类取用水范围的扩展和程度的加深，水资源人工化程度不断加深，系统规模、结构、功能和行为也越来越综合化。它不仅涉及与水有关的自然生态系统，而且与经济社会乃至人文法规等都有着密切的联系。从系统本身及水资源系统的含义分析可知，水资源系统是由自然系统和人工系统组成的复合系统，水资源系统与环境存在相互协调和适应关系，水资源系统具有多种开发目标和多种用途以及系统内各要素具有关联性等特点。根据系统网络描述法，水资源系统网络图如图 3－3 所示。

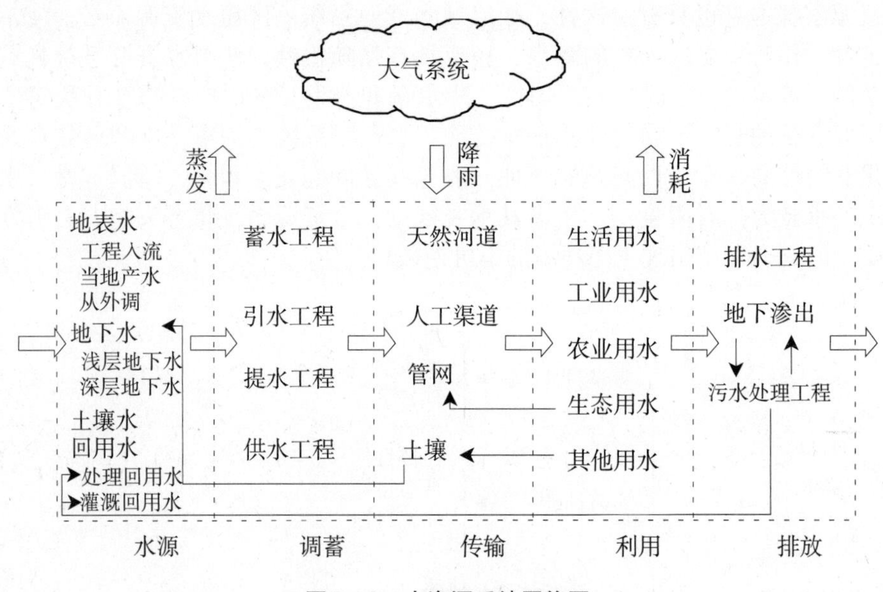

图 3－3　水资源系统网络图

（二）水资源系统分析

水资源系统是自然系统和人工系统的有机结合体，构成要素众多，各要素相互关联、相互作用、相互制约，结构层次多样而又相互影响，不同的层次具有不同的目标和功能，因此水资源系统是一个非常复杂的巨系统。区域水资源配置就是在这样一个巨系统中实现水资源的分配，是一项涉及社会、经济、资源、环境、水文、管理等多学科和多领域的系统工程。水资源配置的总体目标是最大限度地实现系统的综合效益，而随着水资源短缺、水环境污染、生态环境受破坏等问题的凸显，这就要求在水资源配置中既要考虑水资源本身可持续利用的需要，又要把经济—社会—水资源—生态环境作为一个统一的整体考虑，同时要协调好系统中的各子系统，实现子系统的优化配置。简而言之，区域水资源优化配置就是要把水资源系统、经济系统、生态环境系统、水资源工程系统、水污染控制系统等对象放在水资源巨系统中加以考虑，促进区域或流域的可持续发展。把对象放在系统中加以考虑的方法论就是系统分析方法，可见，在区域水资源配置研究中引入系统分析方法是十分必要的，系统分析的思想方法、步骤、技术等对于水资源配置具有重要的指导作用。

1. 水资源系统分析的发展概况

系统分析是系统工程中最基本、最普遍的分析方法，它通过研究确定系统内有关要素、结构、功能、状态、行为等之间的关系及其与环境的相互关系，并通过推理和计算的定量途径，找出可行方案，再经过分析、综合与评价技术，选出可行方案的最佳者，供决策者参考。系统分析方法发展至今已有60多年的历史，至今尚未完全成熟，仍在不断发展和完善。系统分析的变化和发展历程，大致可分为三个阶段①。

（1）运筹学阶段（20世纪40年代）。

这一阶段主要是科学家和工程技术人员将其掌握的数学和专业知识及处理问题的观点、技能应用于管理和决策中，主要是将运筹学方法应用于军事领域，着重研究系统运行中的规律并赋予科学的解释，所用技术工具主要是统计分析、微分方程、搜索理论和控制论等。

（2）系统分析发展阶段（20世纪50年代）。

运筹学的技术以及应用领域都取得较大的进展，其研究范围也扩大到住房和社会服务方面，并在社会、政策问题的决策中起到关键作用，其中一个重要贡献是为有效分配有限资源的问题提供了技术手段和方法。特别是Dantzig等创建的线性规划②，有效地应用于军事、工农业、交通和商业等领域的众多问题，具有巨大的理论和实践作用。在这个阶段，系统分析已不仅和运筹学密切相关，还和其他方法如投入产出分析、网络理论、计量经济学以及模拟仿真技术联系在一起，取得了显著的进展。同时，不少经济学家对于早期应用运筹学方法中的某些错误观点也提出了批评，主要是关于评价标准不当、追求不合理的局部优化等问题。这些批评反映了经济观点和技术观点之间的矛盾，20世纪60年代以后的系统分析正是吸收了这些批评。

（3）政策分析阶段（20世纪60年代后）。

运筹学虽然是系统分析的基础之一，但在此阶段运筹学朝着理论研究的方向继续发展，而系统分析则随着与生产结合的方向发展，更着重于实际应用，其目的在于探求系统分析方法在系统中的普及应用。正如美国兰德公司

---

① 华士乾等. 水资源系统分析指南［M］. 北京：水利电力出版社，1988.

② G. B. Dantzig. *Linear Programming and Its Extensions*［M］. Princeton：Princeton University Press，1963.

对系统分析的阐述："系统分析是一种调查研究，其目的是在不确定的情况下帮助决策者在复杂的比较方案中选择一个比较好的行动方针。"该定义很好地说明了这个阶段系统分析的研究特点：强调了系统分析不能代替决策人判断，它是在弄清问题及描述各方案要点的基础上，比较各方案的效果，从而帮助决策者作出判断；决策者需要根据不完全的认识，对目前实际还不存在、其效果也只能在未知的将来才发生的一些方案作出比较选择，对多种方案不仅要比较它们的期望效益，也要比较因方案选择不当而带来的风险。

系统分析方法在水资源系统分析中的应用，可追溯到1950年。当时，美国水资源委员会报告中最早综述了水资源的开发、利用和保护等问题，引起了美国各高校的兴趣。1955年哈佛大学开始制定水资源大纲，研究现代水资源工程的特点及其在规划、设计和管理运行中的方法论。1957年，Bellman最早提出了将动态规划应用于多目标水库的系统分析方法①。1959年，美国西部地区水资源学术讨论会主要讨论了水资源开发利用问题，重点研究各种需水量的估算及通过什么途径来满足需水要求等。1962年，A. Maass等主编的《水资源系统设计》为水资源系统的发展奠定了基础②。1965年，科罗拉多州立大学进一步提出了水资源的经济效益分析、水管理、水资源评价、水分配中的政治和行政管理等问题。这些研究推动了系统分析在水资源系统中的应用和推广③。50多年来，水资源系统分析方法已推广遍及全世界，各国学者不断引用资源系统分析的新概念，发展新理论，构造新模型，研究新算法，取得了十分丰硕的理论与实践成果。

我国的水资源系统分析与其他学科和领域一样，起步较晚，但发展速度快。从20世纪70年代后期开始，我国在防洪、发电、灌溉、排涝等规划中应用了系统分析方法，并取得了一系列成果。20世纪80年代初期，我国的水资源系统分析多属介绍、普及系统理论与方法和简单的应用，80年代后期开始结合我国实际，有一定的开拓创新，并在技术上接触和应用到现代大系统、多目标和模糊集等理论④；20世纪90年代后，在实际应用中非线性技术、模糊集、多目标决策规划、风险性分析等技术的蓬勃发展，使水资源系统分析得到了较大的发展。

自从系统分析在20世纪40年代诞生后，经过半个多世纪的成长和发展，

---

① R. Bellman. *Dynamic Programming* [M]. Princeton: Princeton University Press, 1957.

② A. Maass, et al. *Design of Water Resource Systems* [M]. MA, Cambridge: Havard University Press, 1962.

③ S. J. Burges. *Simulation of Water Resources System*, *Proceeding of the National Workshop on Reservoir System Operations* [M]. University of Colorado, Boulder Colorado, 1979.

④ 冯尚友. 水资源系统分析应用的目前动态与发展趋势 [J]. 系统工程理论与实践, 1990 (5): 43~48, 29.

不同学科领域的专家学者对系统分析的发展和完善进行了许多有益的探索，并取得了开拓性的进展。就水资源系统分析发展而论，自从20世纪50年代建立起费用—效益分析方法，近十几年来，水资源系统分析又发展了多目标决策理论、大系统理论和可靠性分析（风险性分析）等。此外，它还发展和创新了一些数学规划的算法程序。这些都说明了水资源系统分析理论与技术在不断发展和前进。

2. 水资源系统分析的科学方法与步骤

系统分析属于科学的逻辑推理技术，由于研究对象的不同，系统分析的研究方法和步骤也不尽相同。在其发展过程中，已有学者提出了一些适合系统分析的一般方法和步骤，其中以Hall等的三维空间结构最具代表性[①]，在这种空间结构中，系统工程的研究方法和步骤用三维坐标系（时间维、逻辑维、专业维）来表示。参考Hall等的三维空间结构，水资源系统分析的三维结构示意图如图3－4所示。

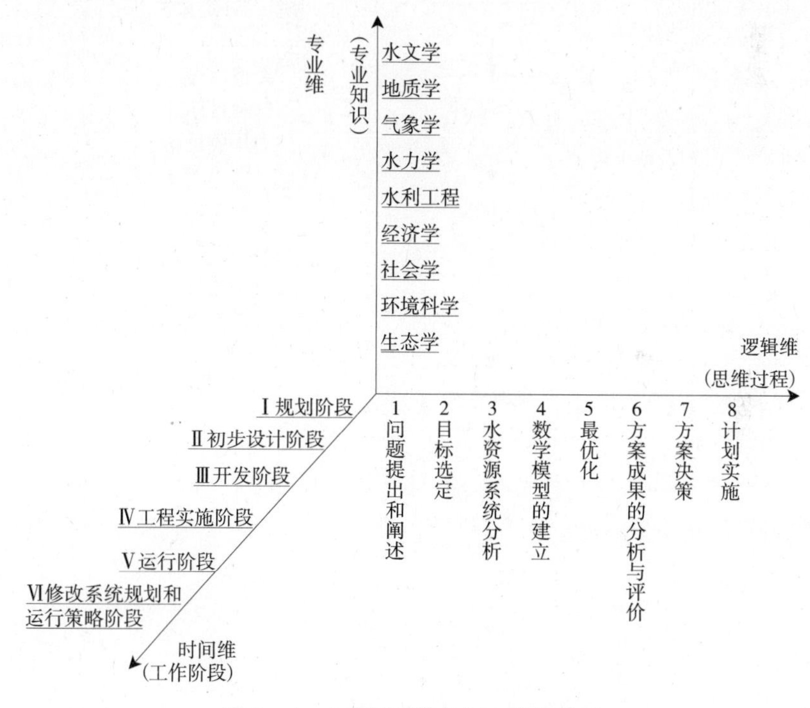

图3－4　水资源系统分析三维结构图

① W. A. Hall, N. Buras. The dynamic programming approach to water resources development [J]. *Journal of Geophysical Research*, 1961, 66 (2): 517～520.

在水资源系统分析的三维结构图中，时间维表示工作进程或工作阶段，逻辑维表示在各阶段中解决问题的逻辑思维过程，专业维表示在思维过程中涉及的专业知识。在时间维中，从规划开始到投入运行后的修改规划和运行策略阶段，共经过六个阶段，分别为：规划阶段、初步设计阶段、开发阶段、工程实施阶段、运行阶段、修改系统规划和运行策略阶段。在每一工作阶段，思维过程都有八个步骤，即问题提出和阐述、目标选定、水资源系统分析、数学模型的建立、最优化、方案成果的分析与评价、方案决策、计划实施。专业维中涉及的重要专业知识有水文学、地质学、气象学、水力学、水利工程、经济学、社会学、环境科学、生态学等。结合水资源系统的特点及其系统分析的三维结构图，水资源系统分析一般包括的步骤如图 3－5 所示。

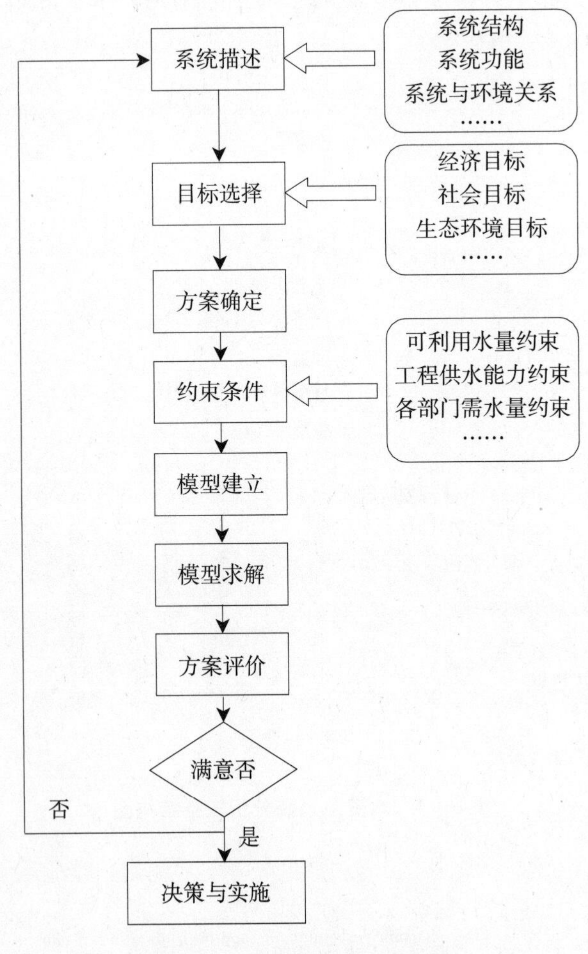

图 3－5　水资源系统分析步骤

（1）系统描述。

根据所研究问题的性质和目的，对水资源系统进行定性分析，了解系统的结构、功能、环境及其相互关系。

（2）目标选择。

目标的选择是系统分析的关键环节。根据所研究的水资源系统特点，选择能够反映水资源系统整体目的的目标。

（3）方案确定。

分析确定系统中可行的决策方案。

（4）约束条件。

分析确定系统中的约束条件。约束条件要做到反映实际情况，不遗漏、不矛盾，否则可能得不到正确方案。

（5）模型建立。

在（1）~（4）步骤基础上，建立起能反映系统特征及各部分相互联系的模型。在模型中，系统的目标和约束均用决策变量的函数来描述。

（6）模型求解。

选择合适的方法求解已建立的模型。

（7）方案评价。

按照一定的评价准则评价结果的可靠性。如果结果可靠，可将方案推荐给决策者参考；否则回到1，重新对系统进行分析、建模。

（8）决策与实施。

这一步骤是在系统分析推荐方案基础上，结合其他相关因素，做出决策并实施。

二、南方滨海区水资源优化配置模型研究

区域水资源优化配置是在一个特定区域内，工程与非工程措施并举，对有限的不同形式的水资源进行科学合理的分配，其最终目的就是实现水资源的可持续利用，保证区域社会经济、生态环境的协调发展。水资源优化配置的实质就是提高水资源的配置利用效率，一方面是提高水的分配效率，合理解决各部门和各行业（包括环境和生态用水）之间的竞争用水问题；另一方面则是提高水的利用效率，促使各部门或各行业内部高效用水。水资源优化配置需要用水资源系统分析的方法来解决，而在水资源系统分析中，数学优化模型起着十分重要的作用。水资源配置的数学优化模型重点在于解决水资源优化配置过程中的宏观战略规划和总体优化，在全面节水的前提下，分析各分区的需求，确定各种水源的供水目标及水量分配原则。模型一般包括目

标函数和约束条件两部分。对于不同的水资源系统、不同的水资源问题，数学优化模型也不同。

（一）区域水资源系统描述

区域水资源系统是涉及自然、经济、社会、生态问题的复合系统，其中既包括降雨、径流等自然过程，又需要考虑社会经济的发展需求和生态环境的维持与改善。社会经济、生态环境、水资源子系统之间相互联系、相互依赖、相互作用、相互影响。各子系统之间的关系如图3－6所示。

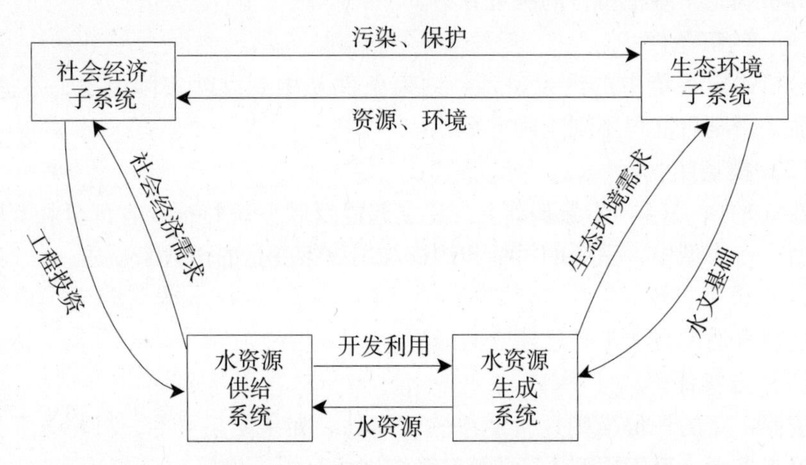

图3－6　社会经济、生态环境、水资源子系统之间的关系

区域水资源系统中各子系统间存在复杂的响应关系，而每个子系统内部也有着众多影响水资源系统的因素。

社会经济系统又可划分为社会系统和经济系统。在社会系统中，人口增长、城市化水平等因素直接影响了对水资源量和质的需求及供水的保证程度。社会消费水平及结构将决定生活用水的需求，而政策、法规、市场、传统习惯和心理等因素也影响了生活用水量。在经济系统中，经济发展水平、发展速度与规模、产业结构的调整变化都会对区域的需水产生重大影响。生产力水平决定了对水资源量的需求和开发能力，同时，不同生产力水平下用水效率也不同，单方水经济产出不同，人均水量消耗水平也不相同。南方滨海区的特点是经济发达，人口密度大，生活需水和生产需水量大，同时用水效率低、用水浪费严重。

在资源生成系统中，影响水资源的可利用量的水资源类型包括：地表水、地下水、雨水、污水、海水和跨区域调水。在南方滨海区，河网密布，水量丰富，可利用的水量大部分来自地表水。

水资源供给系统中，水利工程设施的开发利用能力以及输水系统的输送能力对于水资源供给起着关键作用。水资源供给系统属于人造系统，主要的工程设施包括：地面水库、水电站、城市供水系统、农业灌溉工程等，这些工程设施的目的是满足社会经济的用水需求，促进社会经济的发展，而经济发展水平又制约着这些工程的建设和供水能力。南方滨海区汛期水资源量大，年内分布不均，水利工程的径流调节能力低，输水管网存在一定的渗漏，供水工程设施落后于经济发展水平，不少地区表现为工程性缺水。

生态环境子系统中，湿地面积、湖泊面积、水生生物物种数量、水环境容量、水环境质量等是决定环境生态需水的主要因素。维持河流基流、生物种群的多样性以及水体不受污染等生态环境用水与社会经济系统的用水存在竞争关系。南方滨海区的生态环境用水往往受到经济社会用水的排挤而导致生态环境系统的需水要求得不到满足，造成生态环境的破坏。

结合区域水资源系统的特点，南方滨海区水资源优化配置模型具有如下特征：①多水源性。区域水资源配置的对象包括地表水、地下水、回用水、海水、外调水等多种水源。②多用户性。区域水资源有不同的用户，包括生活、工业、农业、第三产业、生态环境等用户，不同用户的需求与效益各异。③多目标性。水资源的多功能性和多用户性决定了其多目标性。区域水资源优化配置要满足不同用户的不同功能。不同目标通常是不可公度和相互竞争的，水资源优化配置需要在不同目标之间找到满意平衡解。④层次性。水资源配置的研究区域又可划分为多个子区。水资源优化配置既要追求整个系统的综合效益最好，又要兼顾和协调好各个子区的利益。⑤时段性。不同的季节用水部门（主要是农业用水）对水的需求会有所增减，而且南方滨海区有明显的汛期和枯期之分，年内降水十分不均匀，因此，水资源优化配置宜按月进行时段划分。

（二）优化模型的主要决策变量

在分析系统内各影响因素的特征以及相互影响关系和影响程度的基础上对区域水资源系统进行概化，并根据区域的具体情况确定决策变量、选定目标和分析约束条件，进而建立起水资源配置优化模型。

根据区域的地形地貌、水利条件、行政区划，一般可将区域划分为若干子区。根据区域内各水源的供水范围，可将水源划分成两类：共用水源和独立水源。所谓共用水源是指能同时向两个或两个以上的子区供水的水源，独立水源是指只能给水源所在的子区供水的水源。设区域划分为 K 个子区（$k=1, 2, \cdots, K$），k 子区有 $I(k)$ 个水源〔$i=1, 2, \cdots, I(k)$〕、$J(k)$ 个用水部门〔$j=1, 2, \cdots, J(k)$〕，规划水平年划分为 T 个时段（$t=1, 2, \cdots, T$）。

对于 k 子区而言，水资源配置是 $I(k)$ 个水源在时段 T 内在 $J(k)$ 个用户之间的分配问题。根据水资源的特性以及功能，本次研究确定水资源用户为生活用户（包括城镇生活和农村生活）、工业用户、农业用户以及生态环境用户。决策变量和定义如下表所示。

决策变量和定义

决策变量名	决策变量的意义
$AW_1(t, k, i)$	第 t 时段第 k 子区内第 i 水源分配到生活的水资源量
$AW_2(t, k, i)$	第 t 时段第 k 子区内第 i 水源分配到工业的水资源量
$AW_3(t, k, i)$	第 t 时段第 k 子区内第 i 水源分配到农业的水资源量
$AW_4(t, k, i)$	第 t 时段第 k 子区内第 i 水源分配到生态环境的水资源量

（三）多目标问题和约束条件分析

1. 目标函数

系统优化的总目标或最高层次的目标是实现水资源优化配置，既追求经济效益，同时也注意生态环境的保护，支撑区域社会、经济、环境的可持续发展。水资源优化配置的具体指标包括经济目标、社会目标和生态目标。

经济目标：各水平年有限的水资源产生的国内生产总值最大。

社会目标：各水平年各子区粮食产量最大，或采用各水平年各子区缺水量最小。本次研究目标采用全区供水系统相对总缺水量最小。

生态目标：各水平年各子区 COD 排放量或入河量之和最小。

假设经济目标、社会目标和生态目标分别用 f_1、f_2、f_3 来表示，则各目标的函数表达式为：

经济目标：各水平年区域有限的水资源产生的国内生产总值最大。

$$\max f_1 = \sum_{t=1}^{T}\sum_{k=1}^{K} c_k \sum_{i=1}^{I(k)} [AW_1(t, k, i) + AW_2(t, k, i) + AW_3(t, k, i) + AW_4(t, k, i)] \tag{3-1}$$

式中：c_k 为 k 子区每立方米水产生的国内生产总值（万元/立方米）；其他符号如前所述。

社会目标：全区供水系统相对总缺水量最小。

$$\min f_2=\sum_{t=1}^{T}\sum_{k=1}^{K}\{\alpha(k,1)[\frac{D_1(t,k)-\sum_{i=1}^{I(k)}AW_1(t,k,i)}{D_1(t,k)}]^2+$$

$$\alpha(k,2)[\frac{D_2(t,k)-\sum_{i=1}^{I(k)}AW_2(t,k,i)}{D_2(t,k)}]^2+$$

$$\alpha(k,3)[\frac{D_3(t,k)-\sum_{i=1}^{I(k)}AW_3(t,k,i)}{D_3(t,k)}]^2+$$

$$\alpha(k,4)[\frac{D_4(t,k)-\sum_{i=1}^{I(k)}AW_4(t,k,i)}{D_4(t,k)}]^2\} \tag{3-2}$$

式中：$\alpha(k,i)$ $(i=1,2,3,4)$ 分别为 k 子区生活、工业、农业、生态环境用水部门相对其他用水部门优先得到供给水资源的重要程度系数；$D_1(t,k)$，$D_2(t,k)$，$D_3(t,k)$，$D_4(t,k)$ 分别为规划水平年在第 k 个水资源分区第 t 时段内的生活、工业、农业、生态环境需水量，对于生活、工业和生态环境用户而言，各月的需水量没有时段差别，但农业需水则随月份不同而不同；其他符号如前所述。

生态目标：区域废水排放量最小。

$$\min f_3=\sum_{k=1}^{K}[R_1(k)\sum_{t=1}^{T}\sum_{i=1}^{I(k)}AW_1(t,k,i)+R_2(k)\sum_{t=1}^{T}\sum_{i=1}^{I(k)}AW_2(t,k,i)] \tag{3-3}$$

式中：$R_1(k)$ 为 k 子区的生活污水排放系数；$R_2(k)$ 为 k 子区的工业废水排放系数；其他符号如前所述。

2. 约束条件

(1) 各用户需水量约束。

①生活用水。

生活用水涉及人类基本的生存需要，生活用水在水资源配置中必须予以保证。

$$D_{1\min}(t,k)\leqslant\sum_{i=1}^{I(K)}AW_1(t,k,i)\leqslant D_{1\max}(t,k) \tag{3-4}$$

其中 $D_{1\min}(t,k)$，$D_{1\max}(t,k)$ 分别为 t 时段 k 子区生活需水量的最小值和最大值；其他符号如前所述。

②工业用水。

根据公平原则，工业部门不能无限地挤占和挪用农业用水、生态用水，其用水要服从配水比例。

$$D_{2\min}(t,k) \leqslant \sum_{i=1}^{I(K)} AW_2(t,k,i) \leqslant D_{2\max}(t,k) \tag{3-5}$$

其中 $D_{2\min}$（t，k），$D_{2\max}$（t，k）分别为 t 时段 k 子区工业需水量的下限值和上限值；其他符号如前所述。

③农业用水。

考虑到粮食安全等因素，第一产业的需水要求不能无限制地被其他行业挤占。

$$D_{3\min}(t,k) \leqslant \sum_{i=1}^{I(K)} AW_3(t,k,i) \leqslant D_{3\max}(t,k) \tag{3-6}$$

其中 $D_{3\min}$（t，k），$D_{3\max}$（t，k）分别为 t 时段 k 子区农业需水量的下限值和上限值；其他符号如前所述。

④生态环境用水。

传统的水资源配置往往不考虑生态环境的用水需求，生态需水被无情地挤占与挪用，导致一些地区出现严重的生态危机。尽管南方滨海地区生态稳定性比干旱地区要好，但忽略生态需水一样会给区域的生态系统造成破坏，影响区域可持续发展。因此必须保障区域最小的生态需水，包括河道内和河道外生态需水两个部分。

$$D_{4\min}(t,k) \leqslant \sum_{i=1}^{I(K)} AW_4(t,k,i) \leqslant D_{4\max}(t,k) \tag{3-7}$$

其中 $D_{4\min}$（t，k），$D_{4\max}$（t，k）分别为 t 时段 k 子区生态环境需水量的下限值和上限值；其他符号如前所述。

（2）水源可供水量约束。

$$AW_1(t,k,i) + AW_2(t,k,i) + AW_3(t,k,i) + AW_4(t,k,i) \leqslant W(t,k,i) \tag{3-8}$$

式中 W（t，k，i）为 t 时段 k 子区 i 水源的可供水量；其他符号如前所述。

（3）特定水源（水库）的水量平衡约束。

$$V_t = V_{t-1} + I_t - Q_t - X_t \qquad (3-9)$$

式中 V_t，V_{t-1}分别为 t 时段初、末的水库蓄水量；I_t 为 t 时段水库的入库流量；Q_t 为 t 时段水库的供水量；X_t 为 t 时段水库弃水量。

（4）河道污染物 COD 的水环境容量约束。

COD 包括生活和生产过程中排放的所有 COD，就南方滨海区而言，尤其是发达地区，农业产生的 COD 占总 COD 排放量的比例较小，而且只有在降雨的情况下才随径流流入河流，因此 COD 的入河量可近似地用生活和工业生产过程所排放的 COD 来估算。

$$\begin{aligned}\sum_{k=1}^{K}\lambda(k)\{&R_1(k)[1-T_1(k)]COD_{sh}^0(k)\sum_{t=1}^{T}\sum_{i=1}^{I(k)}AW_1(t,k,i) + \\ &R_1(k)T_1(k)COD_{sh}^1(k)\sum_{t=1}^{T}\sum_{i=1}^{I(k)}AW_1(t,k,i) + \\ &R_2(k)[1-T_2(k)]COD_{gy}^0(k)\sum_{t=1}^{T}\sum_{i=1}^{I(k)}AW_2(t,k,i) + \\ &R_2(k)T_2(k)COD_{gh}^1(k)\sum_{t=1}^{T}\sum_{i=1}^{I(k)}AW_2(t,k,i)\} \leqslant WCOD \qquad (3-10)\end{aligned}$$

式中：λ（k）为 k 子区的 COD 综合入河系数；T_1（k）为生活污水处理率；COD_{sh}^0（k）为 k 子区未处理的生活污水 COD 的浓度；COD_{sh}^1（k）为 k 子区生活污水处理后 COD 的浓度；T_2（k）为工业废水处理率；COD_{gy}^0（k）为 k 子区未处理的工业废水 COD 的浓度；COD_{gy}^1（k）为 k 子区工业废水处理后 COD 的浓度；其他符号如前所述。

（5）其他约束。

其他约束包括水库死库容约束、变量非负约束等。

（四）总体模型及功能

将上述目标及各种约束条件组合起来，即构成区域水资源优化配置的总体模型：

$$F(AW) = opt\{f_1(AW), f_2(AW), f_3(AW)\}$$

$$
=\left\{\begin{array}{l}
\max\sum_{t=1}^{T}\sum_{k=1}^{K}c_k\sum_{i=1}^{I(k)}[AW_1(t,k,i)+AW_2(t,k,i)+AW_3(t,k,i)+AW_4(t,k,i)] \\
\min\sum_{t=1}^{T}\sum_{k=1}^{K}\{\alpha(k,1)[\frac{D_1(t,k)-\sum_{i=1}^{I(k)}AW_1(t,k,i)}{D_1(t,k)}]^2+ \\
\alpha(k,2)[\frac{D_2(t,k)-\sum_{i=1}^{I(k)}AW_2(t,k,i)}{D_2(t,k)}]^2+ \\
\alpha(k,3)[\frac{D_3(t,k)-\sum_{i=1}^{I(k)}AW_3(t,k,i)}{D_3(t,k)}]^2+ \\
\alpha(k,4)[\frac{D_4(t,k)-\sum_{i=1}^{I(k)}AW_4(t,k,i)}{D_4(t,k)}]^2\} \\
\min\sum_{k=1}^{K}[R_1(k)\sum_{t=1}^{T}\sum_{i=1}^{I(k)}AW_1(t,k,i)+R_2(k)\sum_{t=1}^{T}\sum_{i=1}^{I(k)}AW_2(t,k,i)]
\end{array}\right\} \quad (3-11)
$$

服从约束条件

$$
\left\{\begin{array}{l}
D_{1\min}(t,k)\leqslant\sum_{i=1}^{I(K)}AW_1(t,k,i)\leqslant D_{1\max}(t,k) \\
D_{2\min}(t,k)\leqslant\sum_{i=1}^{I(K)}AW_2(t,k,i)\leqslant D_{2\max}(t,k) \\
D_{3\min}(t,k)\leqslant\sum_{i=1}^{I(K)}AW_3(t,k,i)\leqslant D_{3\max}(t,k) \\
D_{4\min}(t,k)\leqslant\sum_{i=1}^{I(K)}AW_4(t,k,i)\leqslant D_{4\max}(t,k) \\
AW_1(t,k,i)+AW_2(t,k,i)+AW_3(t,k,i)+AW_4(t,k,i)\leqslant W(t,k,i) \\
V_t=V_{t-1}+I_t-Q_t-X_t \\
\sum_{k=1}^{K}\lambda(k)\{R_1(k)[1-T_1(k)]COD_{sh}^0(k)\sum_{t=1}^{T}\sum_{i=1}^{I(k)}AW_1(t,k,i)+ \\
R_1(k)T_1(k)COD_{sh}^1(k)\sum_{t=1}^{T}\sum_{i=1}^{I(k)}AW_1(t,k,i)+ \\
R_2(k)[1-T_2(k)]COD_{gy}^0(k)\sum_{t=1}^{T}\sum_{i=1}^{I(k)}AW_2(t,k,i)+ \\
R_2(k)T_2(k)COD_{gh}^1(k)\sum_{t=1}^{T}\sum_{i=1}^{I(k)}AW_2(t,k,i)\}\leqslant WCOD \\
AW_j(t,k,i)\geqslant 0,\ j=1,2,3,4
\end{array}\right\} \quad (3-12)
$$

各符号意义如前所述。

可见，该水资源优化配置模型是一个规模庞大、结构复杂、影响因素众多的大系统。该模型主要具有以下特点：①多目标。模型中考虑了社会、经济、环境三个目标。经济目标是求极大值，环境和社会目标是求极小值。这三个目标之间是相互矛盾、相互竞争的。模型的总目标是协调好这几个目标之间的效益，使整个系统的综合效益最佳。②大系统相关联。模型中存在多个子区，每个子区又具有多个水源、多个用户，决策变量众多；模型不仅规模比较大，而且多约束、多关联，约束条件之间、约束条件和目标函数之间都存在关联性。③非线性。目标函数（社会目标）是非线性的。非线性问题处理起来要比线性问题复杂。

该模型具有如下功能：

（1）在既定水资源生成系统、水资源供给系统、社会经济系统和生态环境系统的条件下，优化区域水资源配置，实现区域的社会、经济、环境综合效益最大，促进区域可持续发展，并可得到相应的水资源分配方案。

（2）可以得到区域规划水平年的废水排放量和重要污染物（COD）的入河量，限制入河量不得超过水体的纳污能力，保护水体环境并为环境保护提供决策依据。

（3）可以得到整个区域和各个子区及各用户的缺水量和缺水率，通过供需水平衡分析，结合区域的具体情况，提出解决区域供需水矛盾的途径与措施。

第四章　模型的解法研究——遗传算法

本书所建立的优化配置模型是一个规模较为庞大、结构复杂、影响因素较多的大系统模型，从数学上讲属于多约束多目标的非线性优化模型，不同的目标之间又是相互矛盾、相互竞争的，同时该模型具有局部优化的特征。在这些情况下，单目标优化方法不再适用，需要用多目标优化的方法进行求解。

一、多目标优化基本概念及方法

（一）多目标优化基本概念

多目标优化问题理论和技术的发展，最早是1896年经济学家V. Pareto从政治经济学角度提出来的，他把许多本质上不可比的目标转化为一个单一的目标寻优。之后，1944年Von. Neumann和Oskar Morgenstern从对策论角度提出多个决策者彼此互相矛盾的多目标优化问题①。1951年T. C. Koopmans从生产与分配的活动分析中提出了多目标优化问题，并且第一次提出Pareto最优解的概念②。同年，H. W. Kuhn和A. W. Tucker从数学规划的角度，给出了向量极值问题的Pareto最优解的概念，并研究了这种解的充要条件③。而真正使多目标优化这门学科开始大发展的一个转折点是Z. Johnsen于1968年系统地提出了关于多目标决策模型的研究报告④。20世纪70年代以来，多目标优化的研究受到广泛关注，有关多目标优化的国际学术会议多次召开，在理论上不断创新，在应用中硕果累累，多目标优化正式作为一个数学分支得到了系

① Von. Neumann，Oskar Morgenstern. *Theory of Games and Economic Behavior* [M]. Princeton: Princeton University Press, 1944.

② T. C. Koopmans. *Activity Analysis of Production and Allocation* [M]. New York: John Wiley, 1951.

③ H. W. Kuhn, A. W. Tucker. *Nonlinear Programming in the Proceeding of Second Berkeley Symposium on Mathematical Statistics and Probability* [M]. Berkeley: University of California Press, 1951.

④ 林锉云，董加礼. 多目标优化的方法与理论 [M]. 长春：吉林教育出版社，1992.

统的研究。[①]

多目标优化问题，实质上是在多个标准的约束下，寻求解决问题的最佳方案[②]。很多情况下，问题中各个子目标之间可能是相互冲突的，一个子目标的改善会引起另一个子目标性能的降低，要使多个子目标同时达到最优是不可能的，只能在子目标之间进行协调和折中处理，使各个子目标函数尽可能达到最优，寻求问题的满意解。所以，美国人工智能专家、科学院院士、诺贝尔经济奖获得者 H. A. Simon 于 1961 年就提出：以令人满意的解代替最优解，将使问题的解决得以简化而变得切实可行[③]，对多目标优化问题，由于各目标之间的矛盾性而寻求其折中解决方案，在本质上就是一个寻求满意解的过程。

一般来说，多目标优化问题（Multi-objective Optimization Problem，MOP）由一组目标函数和相关的一些约束条件组成。本文以最小化多目标问题为对象，问题的数学描述如下：

$$\min_{x \in \Omega} F(x) = [f_1(x), f_2(x), \cdots, f_p(x)] \tag{4-1}$$

Subject to

$$\begin{aligned} & h_i(x) = 0, i = 1, 2, \cdots, M \\ & g_j(x) \leqslant 0, j = 1, 2, \cdots, N \\ & x \in \Omega \subset R^n \end{aligned} \tag{4-2}$$

式中：$x = (x_1, x_2, \cdots, x_n)^T$ 为 R^n 空间的 n 维决策向量，p 为目标函数的个数（在水资源优化配置模型中 $p=3$），$f_i(x)$ $(i=1, 2, \cdots, p)$ 为问题的子目标函数，目标函数之间是相互矛盾相互冲突的，即不存在 $x \in \Omega \subset R^n$ 使 $f_1(x)$，$f_2(x)$，…，$f_p(x)$ 在 X 处同时取最小值。$h_i(x) = 0$ $(i = 1, 2, \cdots, M)$ 以及 $g_j(x) \leqslant 0$ $(j=1, 2, \cdots, N)$ 为约束函数。

V. Pareto 最早研究了经济学领域内的多目标优化问题，提出了 Pareto 解集。在大多数情况下，在多目标优化问题中类似单目标优化问题的最优解是不存在的，而只存在 Pareto 最优解。多目标优化问题的 Pareto 最优解仅仅是一个可以接受的不坏的解，并且通常一个多目标问题大多会具有很多个 Pareto 最优解。在实际应用问题中，必须根据对问题的了解程度和决策人员的个人

---

① 林锉云，董加礼．多目标优化的方法与理论［M］．长春：吉林教育出版社，1992.

② 张翔．优化设计方法及编程［M］．北京：中国农业大学出版社，2001.

③ 罗刚，陈春俊，李治．多目标优化问题中目标间矛盾性关系的研究［J］．西南交通大学学报，1999，34（4）：471～475.

偏好，从 Pareto 最优解集合中挑选一个或一些解作为多目标优化问题的最优解。

（二）多目标优化方法

传统的多目标优化方法大多数都是通过某种技术将多个目标转换为一个目标，然后用较为成熟的单目标求解技术来求解。常见的传统优化方法主要有加权求和法、约束法和最小—最大法。

1. 加权求和法

加权求和法由 Zadeh 首先提出，该方法就是将多目标优化中的各个目标函数加权（即乘以一个用户自定义的权值）然后求和，将其转换为单目标优化问题进行求解。通过选取不同的权重组合，可以获得不同的 Pareto 最优解。此方法的关键是如何确定各个目标的权重，确定权重的方法有 AHP、有序加权算法等。如王为人等①利用 AHP 方法对区域中不同行业的权重进行了测算；孙立堂等②利用有序加权算法分析了其在区域水资源配置中的应用。加权求和法是最为简单有效的求解多目标优化问题的经典方法，可以保证获得 Pareto 最优解，但也存在缺点，权重的选取与各个目标的相对重要程度有很大关系。

2. 约束法

约束法由 Marglin③ 和 Haimes④ 等人于 1971 年提出，其原理是选一个目标为主要目标，将其他目标作为约束，使用不同的约束边界值形成多个单目标优化问题，然后通过一般的数学规划方法来求解。如李庆航等⑤用约束法将多目标水资源配置模型转化为单目标问题，分析了武汉市中心城区水资源的优化配置问题，取得了较好的效果。约束法关键在于如何确定约束条件中参数的取值，而要确定合适的参数值是一件十分困难的事情。

3. 最小—最大法

最小—最大法起源于博弈论，是为求解有冲突的目标函数而设计的。这种方法的线性模型由 Jutler 和 Solich 提出，后由 Osyczka 和 Rao 进一步发展⑥，

---

① 王为人，屠梅曾．基于层次分析法的流域水资源配置权重测算［J］．同济大学学报（自然科学版），2005，33（8）：1133～1136.

② 孙立堂，张世伟，于孝清等．有序加权平均算法在区域水资源配置中的应用［J］．水电能源科学，2006，24（1）：94～96.

③ S. Marglin. *Public Investment Criteria*［M］. Cambridge，MA：MIT Press，1967.

④ Y. Haimes. Integrated system identification and optimization［J］. *Control and Dynamic System：Advances in Theory and Application*，1973（10）：435－518.

⑤ 李庆航，付湘，梅亚东等．武汉市中心城区水资源的优化配置［J］．水利水电科技进展，2007，27（2）：69～72，84.

⑥ A. Osyczka. *Multicriterion optimization in engineering with FORTRAN programs*［M］. Chichester，West Sussex：Ellis Horwood，1984.

是通过最小化各个目标函数值与预设目标值之间的最大偏移量来寻求问题的最优解。

此外，传统求解多目标优化问题的算法还有等式约束法、效用函数法、理想点法、字典顺序法、Pareto 法等。

近年来智能算法的兴起和发展，为解决多目标优化问题提供了有力的新途径。基于生物进化或物理现象基础上的智能算法，由于其自身作为启发式随机算法，具有多向搜索和全局优化的优点，因而非常适合于求解多目标优化问题。目前智能算法已经广泛应用于系统控制、经济、社会科学等多个领域，并且在多目标优化问题中发挥着重要的作用。智能算法发展至今，主要有模拟退火算法、遗传算法、人工神经网络、蚁群优化算法、人工免疫算法等五种。在实际应用中，还出现了如遗传模拟退火算法、免疫进化算法、免疫神经网络等混和智能算法，以克服某一种算法自身的缺陷，达到更好的效果。

二、遗传算法及其改进研究

遗传算法（Genetic Algorithm，简称 GA）作为一种新的全局优化搜索算法，以其简单、通用、鲁棒性强、适于并行处理、应用范围广泛等显著特点，奠定了其在现代智能优化算法中的地位。遗传算法是大规模计算和并行搜索的算法，它对整个群体进行进化运算操作，而且着眼于个体的集合，由于许多实际的问题是多目标优化问题，目标与目标之间往往是相互竞争的，而多目标优化问题需要解决的是整体最优，而不是单个最优，所以需要解出一组可选的解决方案，这样的一组解决方案就是 Pareto 解集，而遗传算法是求解这种集合的有效手段，将其引入到多目标优化中，可在一次优化过程中产生一组 Pareto 解，进而寻得满意解①。因而利用遗传算法来求解诸如水资源优化配置等多目标优化问题，是非常合适和有效的手段。

（一）遗传算法概述

1. 遗传算法的生物学背景

遗传算法（GA）是一种借鉴生物界自然选择和进化机制发展起来的高度有效的随机搜索算法，是数学与生物学交叉融合的产物，其过程以及原理充分体现了进化论和遗传学理论的思想。

① 杨青，汪亮，叶定友．基于多目标遗传算法的固体火箭发动机面向成本优化设计［J］．固体火箭技术，2002，25（4）：16～20.

根据达尔文（C. Darwin）的进化论[①②]，地球上任何一种物种从诞生开始就进入漫长的进化过程。生物的进化过程是一个种群从简单、低级的类型发展到复杂、高级的类型的过程。而生存竞争是生物进化的必经环节，包括种群内部的竞争、不同种群之间的竞争，以及生物与自然界无机环境的竞争，生物要生存和进化就必须进行竞争。在竞争中，具有优良性能和较强生存能力的个体容易存活下去，并有较多的机会繁殖产生后代；而生存能力较低的个体则被淘汰，或者产生后代的机会越来越少，直至消亡。这个过程和现象就是达尔文所称的“自然选择，适者生存”。自然界中的生物，就是根据这种优胜劣汰的原则，不断地进行进化。进化算法就是借用生物进化的规律，通过繁殖—竞争—再繁殖—再竞争，保留优良个体，淘汰适应性差的个体，一步一步地逼近问题的最优解。

按照孟德尔（G. Mendel）和摩根（T. Morgan）的遗传学理论[③④]，遗传物质作为一种指令密码封装在每个细胞中，并以基因的形式排列在染色体上，而每个基因都有特殊的位置并控制生物的某些特性。在自然界中，生物的遗传物质的主要载体是染色体，基因在染色体上呈线性排列，这种排列顺序代表遗传信息；经过优胜劣汰的自然选择，适应性高的基因结构得以保存下来；在产生子代过程中，父代的基因会发生重组，不同的基因组合产生的个体对环境适应性不一样，而遗传过程中基因的杂交和突变可以产生更为优良的个体。处于一定的环境影响下，生物物种通过自然选择、基因交换和基因变异等过程不断地进行繁殖生长，这构成了自然界生物的整个进化过程。在进化算法中，为了形成具有遗传物质的染色体，需要用不同字符组成的字符串表达所研究的问题，这种字符串相当于染色体，其上的字符就相当于基因；进化算法效仿了生物的遗传方式和进化过程，主要采用复制、交换（重组）、突变这三种遗传操作，衍生下一代的个体。

2. 遗传算法的发展历程

遗传算法是从生物进化和遗传机理中发展而来的对生物系统所进行的计算机模拟研究。1962 年，美国 Michigan 大学的 J. H. Holland 教授在他的论文 Outline for a logical theory of adaptive systems 中提出了利用群体进化体模拟适应性系统的思想，首次引进了群体、适应值、选择、交叉、变异等基本概念[⑤]，

---

① T. 杜布赞斯基. 遗传学与物种起源［M］. 谈家桢等译. 北京：科学出版社，1964.

② 遗传学编写组. 遗传学［M］. 北京：中国大百科全书出版社，1983.

③ T. 杜布赞斯基. 遗传学与物种起源［M］. 谈家桢等译. 北京：科学出版社，1964.

④ 遗传学编写组. 遗传学［M］. 北京：中国大百科全书出版社，1983.

⑤ J. H. Holland. Outline for a logical theory of adaptive systems［J］. *Journal of the Association for Computing Machinery*, 1962, 9（3）: 297 - 314.

遗传算法发展至今，一直在沿用着这些基本概念。20 世纪 60 年代初的研究中，Holland 以二进制字符串｛0，1｝来表示实际问题的参数，并称这些字符串为“染色体”，求解问题的过程就通过对这些简单的染色体进行迭代处理，利用染色体包含的信息决定下一代染色体，并根据设定的准则发现和保留好的染色体，进而逐步寻求问题的最优解。这种算法具有编码和选择机制简单的特点，能够解决十分复杂的问题并且应用在实际问题时不需要针对该领域的专门知识。同时，其他一些学者如 Fraser 采用计算机模拟自然遗传系统，提出了与现在的遗传算法相似的概念与思想①。这些思想是遗传算法理论的雏形。1967 年，Holland 的学生 J. D. Bagley 在其博士论文中通过对跳棋游戏参数的研究，第一次提出了“遗传算法”一词②。

1975 年是遗传算法发展史上具有里程碑意义的一年，这一年 Holland 出版了专著《自然与人工系统中的适应性行为》③，标志着遗传算法的正式诞生。Holland 在书中系统阐述了遗传算法的基本理论和方法，提出了对遗传算法理论发展具有重要意义的模式理论，并首次确认了算法中的选择、交叉和变异等遗传算子，以及分析了遗传算法的隐并行性，书中还把遗传算法应用到适应性系统模拟、自动控制、机器学习等领域。同年，De Jong 首次把遗传算法应用于函数优化问题④，对遗传算法的机理与参数设计问题进行了较为系统的研究，并结合了模式定理进行了大量的纯数值函数优化计算实验，树立了遗传算法的工作框架，得到了一些重要且具有指导意义的结论，同时建立了著名的五函数测试平台，定义了遗传算法性能的在线指标和离线指标，为遗传算法的深入研究奠定了坚实基础。De Jong 的测试函数至今仍是检验遗传算法性能的重要函数。

1975 年以后，遗传算法无论在实际应用还是理论方面都得以大大地丰富和发展。众多遗传算法的著名学者如 Goldberg，Davis，Bauer，Patnaik 等都系统深入地研究了遗传算法的理论，对该算法的基本框架和遗传算子进行了构建和改进，并将遗传算法应用于工程设计、自动控制、经济金融、博弈问题

---

① A. S. Fraser. Simulation of genetic systems [J]. *Journal of Theoretical Biology*, 1962 (2): 329 - 346.

② J. D. Bagley. The behavior of adaptive systems with employ genetic and correlation algorithms [D]. Ph. D. dissertation, University of Michigan, 1967.

③ J. H. Holland. *Adaptation in Natural and Artifical Systems: An Introductory Analysis with Application to Biology, Control, and Artificial Intelligence* [M]. 1st edition, Ann Arbor, MI: The University of Michigan Press, 1975; 2nd edition, Cambridge, MA: Mit Press, 1992.

④ K. A. De Jong. An analysis of the behavior of a class of genetic adaptive systems [D]. Ph. D. dissertation, University of Michigan, NO. 76 - 9381, 1975.

和机器学习等诸多领域中。1989年，David Goldberg出版了遗传算法的经典教科书*Genetic Algorithms in Search, Optimization and Machine Learning*①，该书是对当时遗传算法领域研究工作全面系统的总结，并给出了大量可以使用的应用程序，为推广遗传算法以及指导遗传算法的应用起到很大的作用。

随着理论和应用的不断深入与扩展，遗传算法引起了国际的重视并掀起了一股研究遗传算法的热潮。自1985年起，学术界每两年就会在美国举行一次遗传算法的国际会议，即ICGA（International Conference on Genetic Algorithm），以遗传算法理论基础为中心的学术会议FOGA（Foundation of Genetic Algorithm）也从1990年起每隔一年举办一次。国内外有关遗传算法研究的杂志也逐渐增多，而随着网络技术的普及和应用，有关科研单位建立了大量的专题GA网站，为遗传算法提供了一个广阔的交流和学习的平台。

众多科研机构的重视以及国际学术活动的频繁举办反映了遗传算法的学术意义和应用价值。随着应用领域的扩展，目前遗传算法的研究出现了五个新趋势：一是基于遗传算法的机器学习；二是遗传算法和神经网络、混沌理论等其他智能计算方法相互渗透和结合；三是并行处理遗传算法的研究；四是遗传算法与自适应、进化、免疫等人工生命研究领域相互间的不断渗透；五是遗传算法和进化规划以及进化策略等进化计算理论日益结合。遗传算法的研究正在从理论的深度、技术的多样化以及应用的广度不断地进行探索，并朝着计算机拥有甚至超过人类智能的方向努力。

3. 遗传算法和传统算法的比较

遗传算法与单纯形法、梯度法、爬山法、动态规划法等典型的传统优化算法相比有很多的优点，主要包括：

（1）传统算法往往搜索到的是局部最优而不是全局最优，而遗传算法易于并行操作，而非局限于一点，搜索不易陷入局部极值点，具有较好的全局搜索能力和显著的搜索效率。

（2）很多传统优化算法往往采用确定性的搜索方法，而遗传算法使用概率搜索技术，属于一种自适应搜索技术，其选择、交叉、变异等运算都是以概率方式进行的，从而增加了搜索过程的灵活性。

（3）传统算法在搜索过程中受优化函数连续性和函数可导性的约束，而遗传算法直接处理的对象是参数编码集而不是问题参数本身，在运行过程中既不要求函数连续也不要求函数必须存在导数，对问题的依赖性小，特别适合一些大型的、复杂的系统优化。

---

① D. E. Goldberg. *Genetic Algorithms in Search, Optimization and Machine Learning* [M]. Boston: Addition-Wesley Publishing Company, 1989.

(4) 对于一些多目标的、非线性的函数优化问题以及组合优化中的多项式复杂程度的非确定性问题（NP 完全问题）等，用传统优化方法较难求解或解的质量不太理想，而遗传算法对函数性态并无要求，能够方便地得到较好的结果。

（二）遗传算法的原理及基本遗传算法

1. 遗传算法的原理

在自然生物界中，染色体是生物的遗传物质基因的主要载体，染色体中包含了生物所有的遗传信息，它决定了生物的遗传特征，也是遗传和进化发生的场所。在染色体中，基因按一定的模式排列，基因在染色体中的位置称为基因座，同一基因座可能有的全部基因称为等位基因。染色体有两种表现模式，即基因型和表现型。基因型又称遗传型，指用基因组定义遗传特征和表现；表现型是生物体的基因型在特定环境下表现出来的性状。生物的进化是以多个个体组成群体的形式共同进行的，并根据每个个体对环境的适应能力（适应度），通过优胜劣汰的自然竞争法则，得出优良物种。

类似的，在遗传算法中，对于有 n 个决策变量的优化问题，每个变量对应一个字符串，则可将 n 维决策向量 $X=(x_1, x_2, \cdots, x_n)^T$ 用 n 个记号 X_i ($i=1, 2, \cdots, n$) 所组成的符号串 X 来表示：$X=X_1X_2\cdots X_n \Rightarrow X=(x_1, x_2, \cdots, x_n)^T$。这里的每一个 X_i 都可看作一个遗传基因，它的所有可能取值称为等位基因，这样，X 就可看作是由 n 个遗传基因所组成的一个染色体（或个体）。最直接、最简单的染色体编码方法为二进制表示的符号串，编码所形成的排列形式是个体的基因型，经解码后与之对应的决策变量的值是个体的表现型。对于每一个个体 X，都需要确定其适应度以进行选择，而个体适应度与其对应的个体表现型 X 的目标函数值相关联，要按照设定的规则来计算。X 越逼近优化问题的最优值时，适应度越大；反之，适应度越小。在遗传算法中，决策变量 X 组成了问题的解空间，对问题最优解的搜索是通过对所有染色体所组成的搜索空间进行的，从而也就对应了对决策变量所组成的解空间的搜索。

遗传算法的作用对象是一组染色体即群体，其运行过程是从群体的随机初始解开始搜索，然后反复迭代，迭代结束后，只需对最后一代种群中的最优个体进行解码，即为待优化问题的最优解。运算过程中，每一代产生的个体按照适应度函数评价个体优劣，通过优胜劣汰选择出一些适应度较高的个体，在选择出的个体中再效仿自然遗传学的交叉、变异操作，产生出代表新的解集的下一代种群。类似于自然进化过程，遗传算法中后代产生的种群总是要比前代种群具有更高的适应度，更加适应环境，这样最终将会得到一个最好的个体。

根据以上描述，遗传算法中涉及的基本术语及含义如表4-1所示。

表4-1　遗传算法的基本术语及含义

基本术语	含义
环境（environment）	优化的问题
个体（individual）	问题的一个解
群体（population）	问题的一组解
染色体（chromosome）	解的编码（字符串、向量等）
基因（gene）	编码的元素
交叉（crossover）	一组串或者染色体上对应基因段的交换
变异（mutation）	位串或染色体水平上的基因变化
适应性（fitness）	适应度函数（对应问题的目标函数）值
选择（selection）	根据适应度函数值大小确定是否保留个体
基因型（genotype）	染色体的位串
表现型（phenotype）	位串解码后的参数
编码（coding）	从表现型到基因型的映射
解码（decoding）	从基因型到表现型的映射

2. 基本遗传算法

遗传算法的基本工作流程和结构形式最初是由Goldberg在天然气管道控制优化应用中提出的①②，一般称为标准遗传算法（standard GA，SGA）。目前，人们针对具体问题的特征和结合相应领域知识设计出各种各样的遗传算法，这些GA都是在SGA的基础上进行的各种改变，以使GA具备求解不同类型优化问题以及强大的全局搜索能力。SGA中采用二进制编码，遗传进化操作过程简单，是其他遗传算法的基础，它给各种遗传算法提供了一个基本框架，同时具有一定的应用价值。

标准遗传算法的主要步骤如下：

---

① D. E. Goldberg. *Genetic Algorithms in Search, Optimization and Machine Learning* [M]. Boston: Addition-Wesley Publishing Company, 1989.

② D. E. Goldberg. Computer-aided gas pipeline operation using genetic algorithm and rule learning [D]. Ph. D. dissertation, University of Michigan, 1983.

（1）确定编码策略。SGA 采用二进制编码，把参数集合 X 转化为位串结构空间 C。

（2）定义适应值函数 f（X）。

（3）确定遗传参数，包括群体大小，进化代数，选择、交叉、变异方法，以及交叉概率 p_c、变异概率 p_m 等。

（4）随机初始化产生种群 P。

（5）评价群体。群体中的个体编码串解码后，计算个体的适应值 f（X）。

（6）产生下一代群体。按照遗传策略，把当前群体中适应度较高的一些优良个体保留下来，然后将个体随机配对，执行交叉、变异操作，产生下一代群体。

（7）进化迭代。由上步得到的子代个体作为新的父代，重复（3）~（4）步，生成下一代→重新评价→选择→交叉→变异，直到群体性能满足某一指标或者已完成预定迭代次数为止。输出当前最优秀个体，终止计算。

SGA 的基本流程图见如图 4－1 所示。

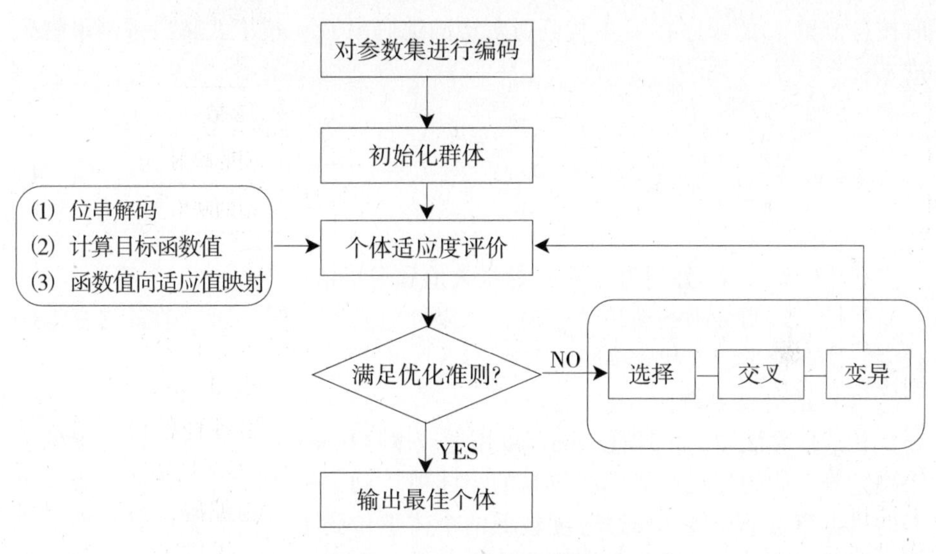

图 4－1　SGA 的基本流程图

（三）遗传算法的实现方式

遗传算法包含了四个基本要素：编码方式、适应度函数的设计、遗传算子的设计、控制参数的设定。这四个要素构成了遗传算法的核心内容。遗传算法中首先要考虑的问题也是很重要的步骤就是编码，采用何种编码策略将对遗传算子尤其是交叉和变异算子的功能和设计产生重大的影响，进而影响遗传算法的性能。迄今为止已经出现了多种不同的编码方式，在优化设计中常用的编码方式有两种：二进制编码和浮点数编码。下面分别介绍二进制编码遗传算法和浮点数编码遗传算法。

1. 二进制编码遗传算法

（1）编码。

二进制编码是最基础也是最常用的编码方式，它将问题空间的参数表示为基于字符集｛0，1｝构成的染色体位串。对于优化问题中的 n 维决策向量 $X=(x_1, x_2, \cdots, x_n)^T$，假设 X 中每个分量 x_i 用长度为 L_i 位的字符串 C_i 来表示：

$$C_i=(a_{k1}^i, a_{k2}^i, \cdots, a_{kL_i}^i) \tag{4-3}$$

式中：$a_{kl}^i \in \{0, 1\}$；$l=1, 2, \cdots, L_i$；$k=1, 2, \cdots, K$；$K=2^{Li}$

将分别表示 x_i 的 L_i 位编码串连接起来，构成长度为 $LT=n \cdot L_i$ 的编码串 C，即 C：$a_{k1}^1 a_{k2}^1 \cdots a_{kL_1}^1 a_{k1}^2 a_{k2}^2 \cdots a_{kL_2}^2 \cdots a_{k1}^i a_{k2}^i \cdots a_{kL_i}^i \cdots a_{k1}^n a_{k2}^n \cdots a_{kL_n}^n$（共 LT 位）。解码时按各分量 x_i 的顺序在 C 中找到所对应的编码串 C_i，按下式将二进制串解码成 x_i：

$$x_i=x_{i,l}+\frac{x_{i,h}-x_{i,l}}{2^{C_i}-1}\sum_{j=1}^{C_i} a_{kj}^i 2^{C_i-j}, \ i=1, 2, \cdots, n \tag{4-4}$$

式中，$x_{i,h}$，$x_{i,l}$分别为分量 x_i 的最大值和最小值。

采用二进制编码的遗传算法时，可以针对实际问题，通过动态改变编码长度，协调搜索精度和效率间的关系。

（2）适应度函数。

在遗传算法中，个体优劣的尺度用适应度（fitness）来表示。适应度的大小决定着个体的存亡：适应度较高的个体遗传到下一代的概率就较大并有更多的机会产生下一代，而适应度较低的个体遗传到下一代的概率就小并最终消亡。适应度是通过适应度函数来决定的，适应度函数就构成了个体的生存环境，在遗传算法中具有重要意义。

对于实际的优化问题，目标函数 $f(X)$ 有正有负，设计适应度函数 $F(X)$ 要保证目标函数的优化方向应对应于适应值增大的方向。适应度函数主要有以下两种：

①直接以待求解的目标函数作为适应度函数：

对最小化问题有

$$F(X) = -f(X) \tag{4-5}$$

对最大化问题有

$$F(X) = f(X) \tag{4-6}$$

②适应函数通过目标函数线性转换而来：

对最小化问题有

$$F(X) = \begin{cases} C_{max} - f(X), & \text{如果} f(X) < C_{max} \\ 0, & \text{否则} \end{cases} \tag{4-7}$$

式中：C_{max}可以是一个输入值或理论上的最大值。

对最大化问题有

$$F(X) = \begin{cases} f(X) - C_{min}, & \text{如果} f(X) > C_{min} \\ 0, & \text{否则} \end{cases} \tag{4-8}$$

式中：C_{min}可以是一个输入值或理论上的最小值。

在遗传算法运行的不同阶段，需要对个体的适应度进行适当的调整，以保持种群中个体的多样性，避免早熟现象。

（3）遗传算子。

遗传算子包括选择、交叉和变异，它们共同构成了遗传算法强大搜索能力的核心，是模拟自然选择以及遗传过程中发生繁殖、杂交和突变现象的主要载体。其中选择是交叉和变异的前提，而交叉和变异则是产生更优良个体的重要步骤。

①选择算子。

遗传算法根据个体的适应度，使用选择算子来对群体中的个体优胜劣汰，在选择的过程中，适应值高的个体会保留下来进入到下一代。目前最常用的选择算子有：

a. 比例选择法。

比例选择方法又叫轮盘赌法，是最简单、最基本的选择方法，其基本思想是：各个个体被选中并进入下一代的概率与其适应值的大小成正比，个体适应值在群体适应值总和中所占的比例越大则越容易被选择。对于规模为 n 的群体 $P=\{a_1, a_2, \cdots, a_n\}$，个体 a_i 的适应值为 fitness（a_i），则其选择概率为

$$P(a_i)=\frac{\text{fitness}(a_i)}{\sum_{i=1}^{n}\text{fitness}(a_i)}, \quad i=1, 2, \cdots, n \tag{4-9}$$

b. 排序选择法。

排序选择法的基本思想是对群体中所有个体按照其适应度大小进行排序，基于这个排序，将事先设计好的序列概率分配给每个个体。排序选择仅仅与个体之间适应值的相对大小有关，而与个体适应值的绝对值无直接关系，它对适应度是取正值还是负值以及适应度之间的数值差异程度并无特别要求，而且选择概率容易控制，可根据进化效果适当地改变群体选择压力，特别适用于动态调整选择概率。

c. 随机联赛选择。

随机联赛选择是一种基于个体适应度之间大小关系的选择方法，其基本思想是从当前群体中选择一定数量的个体，将其中适应值最大的个体保存到下一代群体。在联赛选择中，一次选择出来并进行比较的个体数目称为联赛规模，一般选取值为 2。

d. 最优保存策略。

最优保存策略的基本思想是：如果下一代群体的最佳个体适应值比当前群体最佳个体适应值要小，则当前群体最佳个体将不进行交叉和变异操作而直接复制到下一代，随机替代下一代群体中的最差个体。最优保存策略的目的是使最优个体不被交叉和变异操作所破坏，它是遗传算法具备全局搜索能力、保证群体收敛到优化问题最优解的一个基本保障。但是，如果当前最优解为局部最优解，则可能使局部最优解的遗传基因迅速扩散而使进化收敛于局部最优解。所以该选择方法应与其他方法结合以提高算法的全局搜索能力。

②交叉算子。

交叉是遗传算法产生新个体的主要手段，它使群体保持着多样性。类似于生物界有性繁殖的基因重组过程，遗传算法中交叉操作是使用交叉算子来产生新的个体。其作用是将优良基因遗传到下一代，并产生包含更复杂基因结构的新个体，提高遗传算法的全局搜索能力。

执行交叉操作的步骤如下：

a. 对群体中的个体进行两两随机配对。如果群体规模大小为 M，则共有 [$M/2$] 对相互配对的个体组。

b. 每一对相互配对的个体，随机设置某一基因座之后的位置为交叉点。若染色体的长度为 l，则共有（$l-1$）个可能的交叉点位置。

c. 对每一对相互配对的个体，依设定的交叉概率 p_c 在其交叉点处相互交换两个个体的部分染色体，从而产生出两个新的个体。

二进制编码遗传算法中常用的交叉算子包括单点交叉、两点交叉和多点交叉。这几种方法的操作过程是相似的，以单点交叉为例，其运算如图 4－2 所示。

$$\left.\begin{array}{ll} A: & 111000 \mid 00 \\ B: & 011100 \mid 11 \end{array}\right\} \xrightarrow{\text{单点交叉}} \left\{\begin{array}{ll} A': & 111000 \mid 11 \\ B': & 011100 \mid 00 \end{array}\right.$$

图 4－2　单点交叉示意图

③变异算子。

自然界生物进化中，染色体上某位置的基因发生变异而导致染色体的结构和物理性状改变的现象称为突变。遗传算法中模拟了这种突变现象，其过程是个体编码串中的某些基因座上的基因值以一较小概率用其他等位基因来替换，从而形成一个新的个体。遗传算法中使用变异算子可以改善算法的局部搜索能力，维持群体的多样性，防止出现早熟现象。

变异操作有两个步骤：首先确定变异点的位置，然后在变异点进行基因值替换。二进制编码遗传算法中，个体的变异操作非常简单且易于实现，个体某一基因座上的原有基因值为 0，则变异操作将该基因值变为 1；反之，若原有基因值为 1，则变异操作将其变为 0。如图 4－3 所示。

$$A:\ 111\ \boxed{1}\ 0011 \xrightarrow{\text{变异}} A':\ 111\ \boxed{0}\ 0011$$

图 4－3　变异示意图

（4）控制参数的设定。

二进制编码遗传算法中，对算法性能有着重大影响的控制参数主要包括：编码长度、种群大小、交叉概率、变异概率。这些参数的一个或几个的改变可能会使算法的搜索轨迹发生显著的改变从而影响 GA 的搜索效果，因而这些参数在初始阶段或群体进化过程中需要合理的设置和控制。

①编码长度 l。

编码长度的选取与问题所要求的求解精度有关，问题解的精度要求越高，编码长度也越长。虽然较长的编码串能提高编码精度，但也会使遗传算法的搜索空间急剧扩大，尤其是在一些多参数高精度的优化问题，太长的编码串会显著降低算法的运算效率甚至使算法无法运行。为提高运算效率，改变长度位串或在当前所达到的较小可行域内重新编码是一种行之有效的方法。

②种群大小 M。

种群较大时，群体的多样性高，可以改进 GA 的搜索质量，能有效地防止早熟，但大群体会增加算法的计算量，降低算法的收敛速度；当种群较小时，虽然可提高运算效率，但容易早熟，陷入局部最优解。一般情况下，取 $M = 20 \sim 200$。

③交叉概率 p_c。

交叉操作是遗传算法中产生新个体的主要方法，交叉概率越大，群体中的个体更新越快，但优良基因的丢失风险也相应升高。而较小的交叉概率容易导致搜索速度慢，甚至停滞。一般取 $p_c = 0.60 \sim 1.0$。

④变异概率 p_m。

变异操作是保持群体多样性的有效手段，变异概率太小不利于新个体的产生，易出现早熟；而过高则容易破坏优良基因，使 GA 变为随机搜索。一般取 $p_m = 0.005 \sim 0.01$。

上述参数的选取与求解的问题密切相关，一般而言，问题的优化函数的复杂程度越高，参数的确定越困难。从理论上讲，对于某一具体问题，确实存在一组最佳的参数组合使遗传算法求解问题的性能最优，但在实际应用中，往往难以确定这一组最佳的参数组合而需要结合相关问题，借鉴已有参数经验值，反复调整参数以不断改善 GA 的性能，如此才能找到一组相对最佳的参数。而 GA 对于求解不同的问题，通常不存在一组通用的最佳参数值，有效参数值会随着问题特征的不同而显著地变化。GA 的控制参数值的设定，需要针对和结合实际问题深入研究以使 GA 的性能得到改善。

（5）二进制编码遗传算法的优缺点。

GA 中采用二进制编码，其优点是：编码、解码类似生物界中染色体的组成，算法易于用生物遗传理论来解释；交叉、变异等遗传操作很容易实现；算法符合最小字符集编码原则，便于用模式定理对算法进行理论分析。但是，二进制编码的 GA 在求解连续函数优化问题时，存在的缺点是：二进制编码具有一定的映射误差，相邻整数可能存在 Hamming 悬崖[①]而降低遗传算子的搜索效率；对于高维、高精度优化问题，二进制编码的 GA 搜索效率较低。

与二进制编码相比较，浮点数编码方法能够有效地克服二进制编码的 GA 的缺点，提高遗传算法的局部搜索能力。

2. 浮点数编码遗传算法

遗传算法早期多采用二进制编码，进入 20 世纪 90 年代后，浮点数编码 GA 的研究和应用成果迅速增多[②]，尤其是在连续参数优化问题上，研究者普遍倾向于浮点数编码。

浮点数编码方法是指个体的基因值用某一范围内的一个浮点数来表示，个体的编码长度等于其决策变量的个数。因为这种编码方法使用的是决策变量的真实值，所以浮点数编码方法也叫实数编码方法。由于编码方式不同，浮点数编码 GA 与二进制编码 GA 在执行遗传操作时（主要是交叉和变异）存在较大的差异[③]。

（1）编码。

浮点数编码方法中一个实参数向量对应成一个染色体，一个实数对应成一个基因，一个实值对应成一个等位基因。在执行上，遗传空间就是问题空间，染色体直接反映了问题的规律和特性。

（2）交叉操作。

浮点数编码时考虑的是实数空间中的向量，这使得二进制编码时的交叉操作不适用于浮点数编码。

假设随机地从群体中选择两个父代个体 $x=(x_1, x_2, \cdots, x_n)$ 和 $y=(y_1, y_2, \cdots, y_n)$，实施交叉操作后产生的两个子代个体为 $x'=(x_1', x_2', \cdots, x_n')$ 和 $y'=(y_1', y_2', \cdots, y_n')$。常用的交叉算子有以下几种：

①简单杂交。

随机选择一个交叉点 k，选择交叉点处的分量或此分量后的所有分量，然后交换这些基因串形成新个体 x' 和 y'。如选择交换第 k 分量后的所有分量，则两个后代为：

$$\begin{cases} x'=(x_1, \cdots, x_k, y_{k+1}, \cdots, y_n) \\ y'=(y_1, \cdots, y_k, x_{k+1}, \cdots, x_n) \end{cases} \tag{4-10}$$

① 潘正君等．演化计算［M］．北京：清华大学出版社，1998.

② 李敏强等．遗传算法的基本理论与应用［M］．北京：科学出版社，2002.

③ 崔玲丽，肖志权．实数编码遗传操作机制的研究［J］．系统仿真学报，2003，15（11）：1577～1579，1606.

②算术杂交。

算术杂交先生成 n 个（0，1）区间的随机实数 α，后代通过父代个体的线性组合产生：

$$\begin{cases} x' = \alpha \cdot x + (1-\alpha) \cdot y \\ y' = (1-\alpha) \cdot x + \alpha \cdot y \end{cases} \tag{4-11}$$

③启发式杂交。

启发式杂交是父代个体 x_1 和 x_2 根据如下公式，形成单个后代个体 x_3：

$$x_3 = r \cdot (x_2 - x_1) + x_2 \tag{4-12}$$

式中：r 为 0 和 1 之间的随机数；个体 x_2 适应度不比 x_1 差，即对于最大化问题 $f(x_2) \geqslant f(x_1)$，对最小化问题则有 $f(x_2) \leqslant f(x_1)$。

（3）变异操作。

浮点数编码的变异也不像二进制编码变异那样简单的取反，它的作用也不仅仅是简单地恢复群体的多样性损失，而是一个重要的搜索算子，因而在浮点数编码 GA 中变异概率可以适当地取一个较大的值。进行变异操作时，首先根据均匀分布选择要变异的个体，然后对选中的个体用某种变异算子进行变异。假设父代个体 $x = (x_1, x_2, \cdots, x_n)$ 经变异操作后后代为 $x' = (x_1', x_2', \cdots, x_n')$。常用的变异算子有均匀变异、边界变异和非均匀变异。

①均匀变异。

按均匀分布在父代个体中随机选择一个分量，假设是第 j 个，在其定义区间 $[a_i, b_i]$ 中均匀随机选取一个数 r 来代替 x_j 以完成变异操作，即

$$x'_i = \begin{cases} x_i, i \neq j \\ r, i = j \end{cases} \tag{4-13}$$

②边界变异。

按均匀分布随机选择一个分量 x_i，根据（0，1）上的均匀随机数 r 将它变为所在区间的上界或下界：

$$x'_i = \begin{cases} a_i，如果\ i=j，r<0.5 \\ b_i，如果\ i=j，r \geqslant 0.5 \\ x_i，其他 \end{cases} \tag{4-14}$$

式中，a_i，b_i 分别为 x_i 的上下界。

③非均匀变异。

按均匀分布随机选择一个变元 x_i，根据二进制随机数 random 和进化代数 t 来决定使用的变异类型：

$$x'_i=\begin{cases}x_i+\Delta(t,\ b_i-x_i), & \text{如果 } i=j,\ \text{random}=0\\ x_i-\Delta(t,\ x_i-a_i), & \text{如果 } i=j,\ \text{random}=1\\ x_i, & \text{其他}\end{cases}\tag{4-15}$$

函数 $\Delta(t,\ y)$ 的表达式可取为

$$\Delta(t,y)=y\cdot[1-r^{(1-t/T)\lambda}]\tag{4-16}$$

其中 r 为［0，1］上的随机数，t 为当前进化代数，T 为最大代数，λ 为决定非一致性程度的一个参数，λ 起着调整局部搜索区域的作用，一般取 2～5。

（4）浮点数编码遗传算法的优缺点。

浮点数编码遗传算法的优点是：适合于求解高维高精度的连续函数优化问题；改善了二进制遗传算法的计算复杂性，提高了运算效率；便于引入相关领域的知识和其他优化方法的混合使用；便于处理复杂的决策变量和约束条件。但浮点数编码也存在较为明显的缺点：要求保证交叉、变异等操作的结果必须在基因值给定的区间内，而且交叉运算不能在基因的中间字节分隔处进行，因此交叉、变异操作不便于实现；算法的局部搜索能力差，容易出现早熟。

（四）遗传算法的改进

区域水资源优化配置是一个非线性、多决策变量、多约束的连续函数优化问题，宜采用浮点数编码遗传算法去求解。浮点数遗传算法的主要缺点有两个①：①算法容易出现早熟现象；②算法的局部搜索能力差。为了克服上述缺点，提高浮点数遗传算法的性能，本书在选择、交叉、变异等遗传算子上对遗传算法进行了改进。

1. 选择算子

较小的选择压力一般能使群体保持足够的多样性，从而增大了算法收敛

① 周明，孙树栋．遗传算法原理及应用［M］．北京：国防工业出版社，1999.

到全局最优解的概率，但算法的收敛速度一般较慢，搜索效率也低；选择压力太大会导致群体多样性差，出现早熟现象和进入局部最优。所以选取什么样的选择算子对遗传算法的收敛性、搜索效率都将产生重大的影响。

比例选择方法中各个个体被选中并进入下一代的概率与其适应值的大小成正比，这保证了群体中每个个体都有被选中的机会，而且适应度高的个体进入下一代的概率比较大，从而使下一代群体保持了多样性，防止出现早熟。但使用该方法有可能使最好的个体被淘汰从而搜索不到全局最优个体。最优保存策略正好弥补这一缺陷。最优保存策略的目的是使最优个体直接进入下一代，人们已经从理论上证明了采用最优保存策略的标准遗传算法是全局收敛的[①]，但是，如果当前最优解为局部最优解，则可能使局部最优解的遗传基因迅速扩散而导致群体多样性非常差。结合比例选择法和最优保存策略的特点，本书算法中的选择操作将同时采用这两种选择算子。

2. 交叉算子

简单交叉类似二进制的单点交叉，这种交叉有很大的随机性，有利于保持种群的多样性；算术交叉是通过父代个体的线性组合产生后代，能很好地保留父代的特点，搜索范围比简单交叉要大；启发式交叉使用了目标函数值以确定搜索方向，加快了收敛速度，而且搜索方向有利于找到最优解。本书算法综合考虑了上述三种交叉算子的特点，执行交叉操作时同时采取三个算子的混合交叉方式，并按照一定的概率分配使用这三种交叉算子。

3. 变异算子

均匀变异能保证个体的多样性，而且在后期的进化中还可以跳出局部最优解以搜索更好的点；边界变异是为避免函数优化时搜索不到位于搜索空间边界上的最优点而设计的；非均匀变异初期的搜索能力很强而后期具有局部性，该方法还可以提高算法的局部的微调能力。这几个算子同时在算法上实现，可以保持群体多样性，跳出局部最优，增强算法的搜索能力，还能进行很好的微调，边界的情况也可以考虑到。因而本文算法中的变异操作将同时采用上述几种变异算子，按照一定的概率分配使用这三种变异算子。

改进浮点数遗传算法的流程如下：

步骤 1：随机初始化种群；

步骤 2：对种群每一个个体，根据适应值函数计算其适应值；

步骤 3：采用最优保存策略，选取出最大适应值个体进入下一代，在剩下的个体中采取轮盘赌选择方法来选择个体；

---

① 李敏强等．遗传算法的基本理论与应用［M］．北京：科学出版社，2002.

步骤4：对选择出的个体两两配对，以交叉概率 p_c 进行交叉操作产生新的个体，交叉方式分别为简单交叉、算术交叉和启发式交叉三种交叉算子；

步骤5：在交叉后的种群里采用均匀变异、边界变异和非均匀变异对个体执行变异操作形成下一代种群；

步骤6：判断是否满足终止条件，满足则算法结束，否则转步骤2。

（五）遗传算法中约束条件的处理与改进

1. 约束条件的处理

区域水资源优化配置是一个多维、多约束的优化问题，要求解这样较为复杂的问题，必须对函数中的约束条件进行处理。如何有效地处理水资源优化配置模型中的众多约束条件，这关系到模型求解结果的正确性和合理性，同时也是一个难点。目前还没有一种通用的处理方法，所以在解决实际问题时，要针对具体问题和约束条件的特征，选用恰当的处理方法。

在使用遗传算法处理函数优化问题的约束条件的方法中，最常用的是惩罚函数法。惩罚函数，即惩罚不可行解，是在目标函数中加上一个惩罚项来构成一个广义目标函数，从而使算法在惩罚项的作用下找到原问题的最优解。以最小化问题为例，对于具有约束条件 $g_i(x) \geqslant 0$，$i=1, 2, \cdots, m$ 与 $h_j(x)=0$，$j=1, 2, \cdots, l$ 的待优化函数 $f(x)$，构造如下目标函数 $eval(x)$：

$$eval(x)=\begin{cases} f(x), & 若 x 可行 \\ f(x)+\theta\Phi(x), & 若 x 不可行 \end{cases} \tag{4-17}$$

式中 $\Phi(x)$ 为惩罚函数，θ 为惩罚因子，可取常数或随种群进化而动态变化的数。该函数具有这样的性质：如果没有违反约束条件的情况发生，则 $\Phi(x)$ 为0，否则 $\Phi(x)$ 大于0。$\Phi(x)$ 的表达式可定义为：

$$\Phi(x)=\sum_{i=1}^{m}\alpha_i\left|\min\{0,g_i(x)\}\right|^p+\sum_{j=1}^{l}\beta_i\left|h_j(x)\right|^p \tag{4-18}$$

式中，p 一般为正整数1或2，α_i 和 β_i 为待定参数。

在遗传算法中如何设计惩罚函数以有效地惩罚非可行解是解决问题的关键所在。目前常见的几种惩罚函数的构造方法有静态惩罚函数、动态惩罚函数和启发式惩罚函数等。为便于讨论，假设待优化函数 $f(x)$ 具有 m 个约束条件，则对应的惩罚函数为 $f_i(x)$。

（1）静态惩罚函数。

静态惩罚函数是由 Homaifar① 提出的。方法是对每个约束都建立一族区间以确定适当的惩罚因子。该方法首先对第 i 个约束条件建立 i 个不同的约束违反水平（假设为 l 个）；然后对每个约束和违反程度创立相应的惩罚因子 θ_{ij}，违反水平越高，惩罚因子 θ_{ij} 越大；初始化种群后开始群体的演化，以下式计算个体的适应值：

$$eval(x) = f(x) + \sum_{i=1}^{m} \sum_{j=1}^{l} \theta_{ij} f_i^2(x) \tag{4-19}$$

在整个进化过程中惩罚因子是保持不变的，因而是“静态”的。静态惩罚函数法直接、易于实现，但该方法需要确定大量的参数，优化搜索的效率很大程度上依赖于这些参数的选取。

（2）动态惩罚函数。

静态惩罚函数中惩罚因子是静止不变的，与之相反，Joines 和 Houck 提出的动态惩罚函数②中的惩罚因子则是随着进化过程而变化的。个体在第 t 代的适应值为：

$$eval(x) = f(x) + (C \times t)^{\alpha} \sum_{i=1}^{m} f_i^{\beta}(x) \tag{4-20}$$

式中 C，α，β 为常数，通常取 $C=0.5$，$\alpha=\beta=2$。

动态惩罚函数法要求确定的参数比上一种方法少得多，而且与约束数量无关，并且随着进化的推进对非可行解的惩罚越来越大，但该方法对非可行解的惩罚项（$(C \times t)^{\alpha}$）增大很迅速，可能导致搜索陷于局部最优。

（3）启发式惩罚函数。

该方法由 Powell 和 Skolnick 提出③。其基本思想是在保证任何可行个体优于不可行个体的前提下进行优化以获得好的结果。该方法个体的评价函数为：

---

① A. Homaifar, C. X. Qi, S. H. Lai. Constrained optimization via genetic algorithms [J]. *Simulation*, 1994, 62 (4): 242-253.

② J. Joines, C. Houck. *On the Use of Non-stationary Penalty Functions to Solve Nonlinear Constrained Optimization Problems with GA's* [G]. in Proc. of the 1st IEEE Int'l. Conf. on Evolutionary Computation (ICEC' 94). Orlando, Florida: IEEE Press, 1994: 579-584.

③ D. Powell, M. M. Skolnick. *Using Genetic Algorithms in Engineering Design Optimization with Nonlinear Constraints* [G]. in Proceedings of the 5th International Conference on Genetic Algorithm. Morgan Kaufmann, San Francisco, 1993: 424-431.

$$eval(x) = f(x) + r\sum_{i=1}^{m} f_i(x) + \lambda(t, x) \quad (4-21)$$

其中 r 为一常数。$\lambda(t, x)$ 为区分可行解和非可行解的相关函数，其确定要符合一个启发准则：任何可行解比任何非可行解好，即对于任一可行个体 x 和任一非可行解 y，均有 $eval(x) < eval(y)$。

相关的实验[①]表明，该方法对某些问题具有良好的性能，而对于另外一些问题算法却总停留在不可行解，难以找到可行解的层面。

2. *惩罚函数的改进*

由上一节对常用惩罚函数的形式及特点分析可知，在设计惩罚函数有效的求解优化问题时应考虑如下四点：①惩罚函数的作用是惩罚非可行解，而对可行域内的点不产生惩罚作用。②对于非可行解，脱离约束条件的程度越大，其惩罚也应越重。③惩罚函数应是动态变化的，并且是个与演化过程相适应的函数。④惩罚函数中要具备可调节的参数，通过设置不同的参数可适用于不同的问题，但函数中涉及的参数不宜太多。基于这四点考虑，本节将对惩罚函数进行改进以有效地处理优化问题中的多约束条件。

一般形式的函数优化问题为：

$$\min f(x) = f(x_1, x_2, \cdots, x_n) \quad (4-22)$$

Subject to

$$h_i(x) = 0, i = 1, 2, \cdots, m$$
$$g_j(x) \leqslant 0, j = 1, 2, \cdots, n$$
$$x \subset R^n \quad (4-23)$$

满足约束条件的所有解构成可行区域 Q。定义 $d(x, Q)$ 为点 x 超出约束的最大值，反映了点 x 与可行域的关系，其表达式为：

$$d(x, Q) = \max\{0, g_{\max}(x), h_{\max}(x)\} \quad (4-24)$$

式中：$g_{\max}(x) = \max[g_j(x), j = 1, 2, \cdots, n]$，$h_{\max}(x) = \max[|h_i(x)|, i = 1, 2, \cdots, m]$

显然当 $x \in Q$ 时，$d(x, Q) = 0$；否则 $d(x, Q) > 0$。$d(x, Q)$ 越大则

① Z. Michalewicz. *Genetic Algorithms*, *Numerical Optimization*, *and Constraints.* in Proc. of the 6th Int'l. Conf. on Genetic Algorithm. Morgan Kaufmann, San Francisco, 1995: 151 - 158.

x 离可行域 Q 越远。

$d(x, Q)$ 反映了脱离可行域的远近程度，此外，还需定义一个函数 $FD(x)$ 以反映违反约束条件个数的多少，$FD(x)$ 的表达式如下：

$$FD(x) = \frac{\sum_{j=1}^{n} a_j(x) + \sum_{i=1}^{m} b_i(x)}{n+m} \tag{4-25}$$

其中

$$a_j(x) = \begin{cases} 1, & if \quad g_j(x) \leqslant 0 \\ 1 - \dfrac{g_j(x)}{g_{\max}(x)}, & if \quad 0 < g_j(x) \leqslant g_{\max}(x) \end{cases} \tag{4-26}$$

$$b_i(x) = \begin{cases} 1, & if \quad h_i(x) = 0 \\ 1 - \dfrac{|h_i(x)|}{h_{\max}(x)}, & if \quad h_i(x) \neq 0 \end{cases} \tag{4-27}$$

可见当 $FD(x) = 1$，则 $x \in Q$；当 $FD(x) = 0$，有 $g_j(x) = g_{\max}(x)$，$|h_i(x)| = h_{\max}(x)$，解完全不在可行域内；当 $0 < FD(x) < 1$，FD 越接近 1，违背约束条件的个数就越少。

至此可构造一个新的惩罚函数来处理 x 在不可行域的适应值函数：

$$eval(x) = \begin{cases} f(x), & if \quad x \in Q \\ \dfrac{f(x)}{[d(x,Q) + 1/FD + \alpha]^p} + C, & if \quad x \notin Q \ and \ f(x) \leqslant 0 \\ f(x) \cdot [d(x,Q) + 1/FD + \alpha]^p + C, & if \quad x \notin Q \ and \ f(x) > 0 \end{cases} \tag{4-28}$$

式中，p，α，C 为参数。改进的惩罚函数在处理极小化的问题时，若 x 在可行域之内，则不作惩罚而直接等于目标函数值；若不在可行域内，则根据 x 突破约束的程度来改变适值，脱离约束越大，求得的适应值与目标函数值相比就越大，在遗传算法中被选取的概率也就越小，从而达到了惩罚的目的。

对于参数 p，α，C 的选取，则满足 $p \geqslant 1$，$0 < \alpha < 1$，$C \geqslant 0$。C 需根据约束条件的特点取值。试验表明，在求解较为复杂（如约束条件为非线性）的

函数优化时，演化过程中 C 的存在是必要的，它加大了对非可行解的惩罚，有利于从非可行域跳跃到可行域寻找可行解，从而加快算法的搜索效率，而且使算法更为稳健；而没有 C 时解可能一直在非可行域移动从而难以找到可行解。p，α 的值对算法的影响也很大，在算法测试中 p，α 太大或过小都不适宜。参数 p，α，C 在算法中的数学机理有待探究。对于不同的优化问题，不存在一套通用的 p，α，C 参数值，实际应用中这些参数应针对具体问题的特点进行设置。

3. 算法测试

选择测试问题时，应充分考虑四个因素：①目标函数的类型，包括线性函数和非线性函数；②决策变量数目的多少；③约束条件的类型，包括等式约束和非等式约束、线性和非线性约束；④约束条件数目的多少。

下面列举的四个函数为测试算法性能的经典函数，它们构成了一套能灵活对其他约束处理方法进行基本测试的测试集。

（1）测试实例一。

$$\min f(x)=(x_1-2)^2+(x_2-1)^2 \tag{4-29}$$

$$\begin{cases} x_1-2x_2+1=0 \\ -x_1^2/4-x_2^2+1\geqslant 0 \\ -1.82\leqslant x_1\leqslant 0.84 \\ -0.41\leqslant x_2\leqslant 0.92 \end{cases} \tag{4-30}$$

问题中有 1 个线性和 1 个非线性约束，目标函数为二次型函数，其全局最优解为（x^*） =（0.84，1.92），f（x^*） =1.352。

（2）测试实例二①。

$$\min f(x,y)=5x_1+5x_2+5x_3+5x_4-5\sum_{i=1}^{4}x_i^2-\sum_{i=1}^{9}y_i^2 \tag{4-31}$$

① C. A. Floudas, P. M. Pardalos. *Recent Advances in Global Optimization* [M]. Princeton: Princeton University Press, 1992.

$$
\begin{cases}
2x_1 + 2x_2 + y_6 + y_7 \leqslant 10 \\
2x_1 + 2x_3 + y_6 + y_7 \leqslant 10 \\
2x_2 + 2x_3 + y_7 + y_8 \leqslant 10 \\
-8x_1 + y_6 \leqslant 0 \\
-8x_2 + y_7 \leqslant 0 \\
-8x_3 + y_8 \leqslant 0 \\
-2x_4 - y_1 + y_6 \leqslant 0 \\
-2y_2 - y_3 + y_7 \leqslant 0 \\
-2y_4 - y_5 + y_8 \leqslant 0 \\
0 \leqslant x_i \leqslant 1, i = 1,2,3,4 \\
0 \leqslant y_i \leqslant 1, i = 1,2,3,4,5,9; 0 \leqslant y_i, i = 6,7,8
\end{cases}
\tag{4-32}
$$

问题中有 9 个线性约束，目标函数为二次型函数，其全局最优解为（x^*，y^*）＝（1，1，1，1，1，1，1，1，1，3，3，3，1），f（x^*，y^*）＝-15。

（3）测试实例三[①]。

$$
\min f(x) = x_1 + x_2 + x_3 \tag{4-33}
$$

$$
\begin{cases}
1 - 0.0025(x_4 + x_6) \geqslant 0 \\
x_1 x_6 - 833.33252 x_4 - 100 x_1 + 83\,333.333 \geqslant 0 \\
1 - 0.0025(x_5 + x_7 - x_4) \geqslant 0 \\
x_2 x_7 - 1\,250 x_5 - x_2 x_4 + 1\,250 x_4 \geqslant 0 \\
1 - 0.01(x_8 - x_5) \geqslant 0 \\
x_3 x_8 - 1\,250\,000 - x_3 x_5 + 2\,500 x_5 \geqslant 0 \\
100 \leqslant x_1 \leqslant 10\,000, 1\,000 \leqslant x_i \leqslant 10\,000, i = 2,3 \\
10 \leqslant x_1 \leqslant 1\,000, i = 4, \cdots, 8
\end{cases}
\tag{4-34}
$$

问题中有 3 个线性和 3 个非线性约束，目标函数为线性函数，其全局最优解为（x^*）＝（579.316 7，1 359.943，5 110.071，182.017 4，295.598 5，217.979 9，286.416 2，395.597 9），f（x^*）＝7 049.330 923。

① W. Hock，K. Schittkowski. Test examples for nonlinear programming codes［J］. *Lecture Notes in Economics and Mathematical Systems*，Vol. 187，Berlin：Springer－Verlag，1981.

（4）测试实例四①。

$$\min f(x)=x_1^2+x_2^2+x_1x_2-14x_1-16x_2+(x_3-10)^2+4(x_4-5)^2+(x_5-3)^2 \\ +2(x_6-1)^2+5x_7^2+7(x_8-11)^2+2(x_9-10)^2+(x_{10}-7)^2+45 \tag{4-35}$$

$$\begin{cases}105-4x_1-5x_2+3x_7-9x_8\geqslant 0\\ -10x_1+8x_2+17x_7-2x_8\geqslant 0\\ 8x_1-2x_2-5x_9+2x_{10}+12\geqslant 0\\ -3(x_1-2)^2-4(x_2-3)^2-2x_3^2+7x_4+120\geqslant 0\\ -5x_1-8x_2-(x_3-6)^2+2x_4+40\geqslant 0\\ -x_1^2-2(x_2-2)^2+2x_1x_2-14x_5+6x_6\geqslant 0\\ -0.5(x_1-8)^2-2(x_2-4)^2-3x_5^2+x_6+30\geqslant 0\\ 3x_1-6x_2-12(x_9-8)^2+7x_{10}\geqslant 0\\ -10.0\leqslant x_i\leqslant 10.0, i=1,2,\cdots,10\end{cases} \tag{4-36}$$

问题中有3个线性和5个非线性约束，目标函数为二次型函数，其全局最优解为（x^*）=（2.171 996，2.363 683，8.773 926，5.095 984，0.990 654 8，1.430 574，1.321 644，9.828 726，8.280 092，8.375 927），f（x^*）= 24.306 209 1。

上述实例均采用已建立的混合算子改进惩罚函数的遗传算法来求解，算法的编程在Visual Studio 2005环境中采用fortarn 90语言实现。对于实例一、二，初始种群设定为$n_{pop}=20$，对于实例三、四，则设定较大的种群$n_{pop}=200$；每个实例中杂交概率为$p_c=1.0$，变异概率为$p_m=0.15$，迭代次数均为5 000代。

惩罚函数中参数的选取影响算法的结果，有时甚至关系到算法能否寻找到可行解。在测试中发现，对于求解相对简单的优化问题如实例一，a在区间（0，1）内的任意取值对结果影响都不大，而p宜取2～5的值，C宜取为0；对于较为复杂的约束优化问题如实例二、三、四，则需反复试验确定α，p的取值，而C适宜取较大的正数。

确定参数后，针对每个算例，算法独立运行十次，统计出最优、最差结

① C. A. Floudas, P. M. Pardalos. *Recent Advances in Global Optimization* [M]. Princeton: Princeton University Press, 1992.

果以及平均值、平均运行时间，具体结果如表 4－2 所示。

表 4－2　算例测试结果

实例	已知最优值	算法独立运行十次				
		最好结果	最差结果	平均值	平均运行时间（秒）	惩罚函数参数选取
一	1. 352	1. 352	1. 352	1. 352	0. 440	$\alpha=0.5$，$p=2$，$C=0$
二	－15. 000	－15. 000	－14. 999	－14. 999	0. 459	$\alpha=0.5$，$p=2$，$C=10^3$
三	7 049. 331	7 049. 253	7 054. 824	7 050. 464	22. 654	$\alpha=0.8$，$p=10$，$C=10^4$
四	24. 306	24. 310	24. 398	24. 355	22. 809	$\alpha=0.1$，$p=5$，$C=10^4$

由结果可见：实例一中，算法每次运行都搜索到了最优解 =（0. 84，1. 92）；对于实例二、三、四这几个不容易优化的问题，算法都给出了非常好的结果，并且每次运行结果较为稳定。实例二、三、四中算法求出的最好解分别为（1，0，0，0，1，1，1，1，1，3，3，3，1），（580. 990 3，1 362. 200 81，5 106. 062 5，182. 158 14，217. 841 86，286. 400 63，395. 757 51）和（2. 179 620 3，2. 345 888 6，8. 771 729 5，5. 101 659 3，0. 979 965 9，1. 413 875 8，1. 335 823 5，9. 839 949 6，8. 293 142 3，8. 360 263 8）。

可见，本书建立的遗传算法能够有效地处理多约束条件，在求解较为复杂的优化问题时具有良好的全局搜索能力，能够收敛到最优解并且算法稳健，效率较高。

需要说明的是，遗传算法中不存在一组能有效求解各类问题的通用的参数，在应用实践中，运行参数的选取如初始种群、进化代数、惩罚函数相关参数的选取对遗传算法的运行过程及运行效果都有一定影响。在算例优化过程中发现，不同参数组合产生不同的运行效果。在求解非线性、多变量、多约束的复杂优化问题如水资源优化配置模型时，需要对多种参数组合方案进行对比和优选，以便从中选取出相对最优的参数组合。

三、多目标遗传算法

（一）常用的多目标遗传算法

对于如何求解多目标优化问题的 Pareto 最优解，目前已经提出了多种基于遗传算法的求解方法，常用的有：并列选择法、目标权重法、排序选择法和小生境遗传算法等。

1. 并列选择法①

此方法先将种群中全部个体按子目标函数的数目均等分成若干个子种群，对各子群体分配一个子目标函数，各子目标函数在其相应的子群体中独立进行选择操作后，再组成一新的子种群，将所有生成的子种群合并成完整群体再进行交叉和变异操作，如此循环，最终求得问题的 Pareto 最优解。

2. 目标权重法②

目标权重法的基本思想是给问题中的每一个目标分量赋一个权重，多目标分量乘上各自相应的权重系数后再加和，合起来构成一个新的目标函数。若以线性加权和作为多目标优化问题的评价函数，则多目标优化问题可以转化为单目标优化问题。目标权重法是在这个评价函数的基础上，对每个个体取不同的权重系数，这样就可以利用遗传算法来求解多目标优化问题的多个 Pareto 最优解。

3. 排序选择法③

这种方法按照“Pareto 最优解个体”的概念来对群体的所有个体进行排序，根据排列次序实施进化过程的选择运算，从而使较优良的个体有更多的机会遗传到下一代。反复迭代后，最终可求出多目标优化问题的 Pareto 最优解。

4. 小生境遗传算法④

小生境遗传算法的过程如下：

首先，随机产生种群，并注入种群内存，种群内存分为可替代和不可替代两部分。不可替代部分在整个运行过程中保持不变，提供算法所需要的多样性，可替代部分则随算法的运行而变化。

其次，使用传统的遗传操作从种群内存的两部分选择个体，包含随机生成的个体（不可替代部分）和进化个体（可替代部分）。

最后，从最终的种群选择两个非劣向量，与外部种群中的向量比较，若与外部种群的向量比较，任何一个都保持非劣，则将其注入外部种群，并从外部种群中删除所有被它支配的个体。

---

① J. D. Schaffer. Multiple objective optimization with vector evaluated genetic algorithms [A]. In Proceedings of an International Conference on Genetic Algorithms and Their Applications, 1985.

② P. Hajela, C. Y. Lin. Genetic search strategies in multicriterion optimal design [J]. *Structural Optimization*, 1992 (4): 99 - 107.

③ N. Srinivas, K. Deb. Multicriterion optimization using nondominated sorting in genetic algorithms [J]. *Evolutionary Computation*, 1994 (2): 221 - 248.

④ J. Horn, N. Nafpliotis, D. E. Goldberg. A niched Pareto genetic algorithms for multi-objective Optimization [A]. IEEE World Congress on Computational Computation, Piscataway, NJ, 1994.

在常用的多目标遗传算法中，目标权重法相对其他方法而言简单而易于实现，使用方便，而且计算效率高，同时可以得到很好的非劣解。本书的多目标水资源优化配置模型将采用此方法来求解。

（二）基于目标权重的多目标遗传算法

基于目标权重的多目标遗传算法的基本思路是：赋给每个目标一个权重，用线性加权法将多目标优化问题转化为单目标问题，然后用遗传算法求解单目标优化问题。

对于具有 m 个目标分别为 $f_1(x)$，$f_2(x)$，…，$f_m(x)$ 的优化问题，其经过线性加权后转化为单目标 $F(x)$，则有：

$$F(x) = \sum_{i=1}^{m} w_i f_i(x) \tag{4-37}$$

其中 w_i（$i=1, 2, \cdots, m$）为每个目标的权重值，满足 $w_i \geqslant 0$ 且 $\sum_{i=1}^{m} w_i = 1$。

在应用目标权重多目标遗传算法时，要特别注意两个问题：一是目标权重的确定，目标权重的取值对优化结果的影响很大，不同的权重会生成不同的非劣解，对实际问题合适的权重的确定需要有足够的关于问题的信息并充分了解问题；二是每个分目标的函数值之间有可能相差很大，需要把各目标函数无量纲化后再乘上权重系数转化为单一目标。

本书基于目标权重的多目标遗传算法的步骤如下：

（1）对多目标优化问题的决策变量 x 采用浮点数编码，确定遗传染色体与问题决策变量之间的转换关系。

（2）确定 $f_1(x)$，$f_2(x)$，…，$f_m(x)$ 各分目标的适应度函数，并用第四章第二节提出的改进浮点数遗传算法来最优化各个分目标，得出分目标的最优解 x_i^*（$i=1, 2, \cdots, m$）和最优值 f_i^*（$i=1, 2, \cdots, m$）。

（3）将最优解 x_i^*（$i=1, 2, \cdots, m$）代入各目标函数 $f_1(x)$，$f_2(x)$，…，$f_m(x)$ 中，可得到由 m^2 目标值组成的支付表，进而求出每个目标函数的最大值 f_i^1 和最小值 f_i^0（$i=1, 2, \cdots, m$）。

（4）对每个目标作无量纲化处理。

对于极小化目标：$$g_i(x) = \frac{f_i(x) - f_i^0}{f_i^1 - f_i^0} \tag{4-38}$$

对于极大化目标：$$g_i(x) = \frac{f_i^1(x) - f_i(x)}{f_i^1 - f_i^0} \tag{4-39}$$

（5）以 $g_i(x)$（$i=1, 2, \cdots, m$）为对象，构造整体评价函数。

$$G(x)=\sum_{i=1}^{m}w_i g_i(x) \tag{4-40}$$

式中 w_i（i=1，2，…，m）为对应的 g_i（x）的目标权重。

（6）以总体评价函数 G（x）最小化为目标，用改进浮点数遗传算法进行寻优计算，直至遗传算法满足收敛条件或达到预定进化代数为止。计算出的最优解即为多目标优化问题的满意解。

（三）多目标遗传算法应用实例

这里以一种重要的带约束的多目标的问题为例，该问题是由 Osyczka 和 Kundu 提出的[①]，具有 2 个目标函数、6 个决策变量和 6 个约束条件，其数学描述为：

$$\max F=[f_1(x),f_2(x)] \tag{4-41}$$

其中：$f_1(x)=-[25(x_1-2)^2+(x_2-2)^2+(x_3-1)^2+(x_4-4)^2+(x_5-1)^2]$

$f_2(x)=x_1^2+x_2^2+x_3^2+x_4^2+x_5^2+x_6^2$

服从约束条件：

$$\begin{cases} x_1+x_2-2\geqslant 0 \\ 6-x_1-x_2\geqslant 0 \\ 2+x_1-x_2\geqslant 0 \\ 2-x_1+3x_2\geqslant 0 \\ 4-(x_3-3)^2-x_4\geqslant 0 \\ (x_5-3)^2+x_6-4\geqslant 0 \\ 0\leqslant x_1,x_2,x_6\leqslant 10,1\leqslant x_3,x_5\leqslant 5,0\leqslant x_4\leqslant 6 \end{cases} \tag{4-42}$$

采用目标权重的多目标遗传算法求解此数学问题，分别赋予两个目标不同的权重系数 w_1 和 w_2，可求得该问题的 Pareto 最优解，如表 4－3 所示。

---

① A. Osyczka，S. Kundu. A new method to solve generalized multicriteria optimization problems using the simple genetic algorithm [J]. *Structural Optimization*，1995（10）：94－99.

表 4-3　不同权重系数下的最优解

w_1	w_2	x	f_1	f_2
0.1	0.9	(0, 2, 1, 0, 1, 0)	-101	6
0.3	0.7	(5, 1, 1, 0, 1, 0)	-227	28
0.5	0.5	(5, 1, 1, 0, 1, 0)	-227	28
0.7	0.3	(5, 1, 5, 0, 5, 0)	-259	76
0.9	0.1	(5, 1, 5, 0, 5, 0)	-259	76

四、多目标遗传算法求解水资源优化配置模型

第三章建立的区域水资源优化配置模型是一个规模庞大、结构复杂、影响因素众多的大系统，它具有多目标、多约束、非线性等特点，用传统的优化方法求解此模型是难以取得满意的结果的，而遗传算法鲁棒性强、全局优化能力强、搜索效率高等独特优点，使其无论对单目标问题还是多目标规划问题都表现出巨大的优势，遗传算法已被认为可能是最适合于求解多目标优化问题的算法①。

本章遗传算法用浮点数编码，采用混合遗传算子和改进的惩罚函数，算法测试表明改进的遗传算法具有良好的性能；在处理多目标优化问题时采用了简便的权重系数法，区域水资源优化配置问题中将用此方法求解。结合区域水资源优化配置模型的特点，基于目标权重的多目标遗传算法求解该模型的步骤为：

（1）对模型的决策变量 AW_i（t, k, i）即第 t 时段第 k 子区内第 i 水源分配到各用户的水资源量采用浮点数编码。

（2）经济目标 f_1（AW）、社会目标 f_2（AW）、生态目标 f_3（AW）的适应度函数分别取其目标函数，采用改进浮点数遗传算法以最优化各个分目标，得出分目标的最优解 AW_i^*（$i=1, 2, 3$）和最优值 f_i^*（$i=1, 2, 3$）。

（3）将最优解 AW_i^*（$i=1, 2, 3$）代入各目标函数 f_1（AW），f_2（AW），f_3（AW）中，可得到由 9 个目标值组成的支付表，在此基础上求出每个目标函数的最大值 f_i^1 和最小值 f_i^0（$i=1, 2, 3$）。

（4）对每个目标作无量纲化处理。

① 卢香清，谭迎军．有关多目标遗传算法的研究［J］．南阳师范学院学报（自然科学版），2004，3（9）：62～64.

对于经济目标（$i=1$），它是极大化目标，有：

$$g_i(AW)=\frac{f_i^1-f_j(AW)}{f_i^1-f_i^0} \tag{4-43}$$

对于社会、生态目标（$i=2, 3$），它们都是极小化目标，有：

$$g_i(AW)=\frac{f_i(AW)-f_j^0}{f_i^1-f_i^0} \tag{4-44}$$

（5）构造整体评价函数：

$$G(AW)=\sum_{i=1}^{3}w_i g_i(AW) \tag{4-45}$$

式中 w_i（i=1，2，3）分别为经济、社会和生态目标的权重系数，可根据各目标的重要程度或与决策者协商交互确定。

（6）以总体评价函数 $G(AW)$ 最小化为目标，用改进浮点数遗传算法进行寻优计算，直至遗传算法满足收敛条件或达到预定进化代数为止。计算得到的结果（优化配置方案）即为水资源优化配置模型的最优解或近似最优解。

第五章　东莞市水资源优化配置

本章拟建立东莞市的水资源优化配置模型，并以规划水平年（2020 年）三个设计保证率（50%、75%、95%）的供需情况为依据，采用多目标遗传算法进行求解。文中进行了遗传算法设计，分析确定了模型参数和 GA 运行参数，编制了计算机程序，探讨了多目标遗传算法在南方滨海区水资源优化配置中的应用。

一、水资源系统概化

要实现区域水资源的优化配置，需要先对区域的水资源系统进行概化。区域水资源系统根据区域的地理特征、水利条件、行政区划，一般要划分为若干子区，即分区。

区域水资源优化配置涉及生活、工业、农业、生态环境等各部门，分区是水资源量计算和供需平衡分析的地域单元。由于水资源的开发利用与水环境的保护和治理受自然地理条件、社会经济情况、产业布局、市镇发展、水资源特点以及水利工程设施等诸多因素的制约，为了因地制宜、合理开发利用水资源、保护和治理水环境，既反映各地区的特点，又探索共同的规律，展望同类型地区的开发前景，需要对水资源的开发利用进行合理的分区。

（一）水资源分区的基本原则

在对区域水资源系统进行分区时，需遵循以下四个基本原则[①]：

（1）照顾流域、水系和供水系统的完整性；

（2）体现自然地理条件和水资源开发利用条件的相似性；

（3）尽可能保持行政区的完整性，以利于水资源的统一管理、规划、调配以及取水许可制度的实施；

（4）考虑已建、在建水利工程和主要水文站的控制作用，有利于进行各分区水资源量的计算和供需平衡分析。

---

① 黄永基，马滇珍．区域水资源供需分析方法［M］．南京：河海大学出版社，1990.

（二）东莞市水资源分区

东莞市水资源系统可划分为两个四级区，东江下游东莞区（简称东江下游区）和东江三角洲东莞区（简称东江三角洲区），结合现有的供水系统，将东莞市分成三个计算分区进行配置模型计算，包括石马河片、中部及沿海片、水乡片。东莞市水资源优化配置模型概化图如图 5－1 所示。

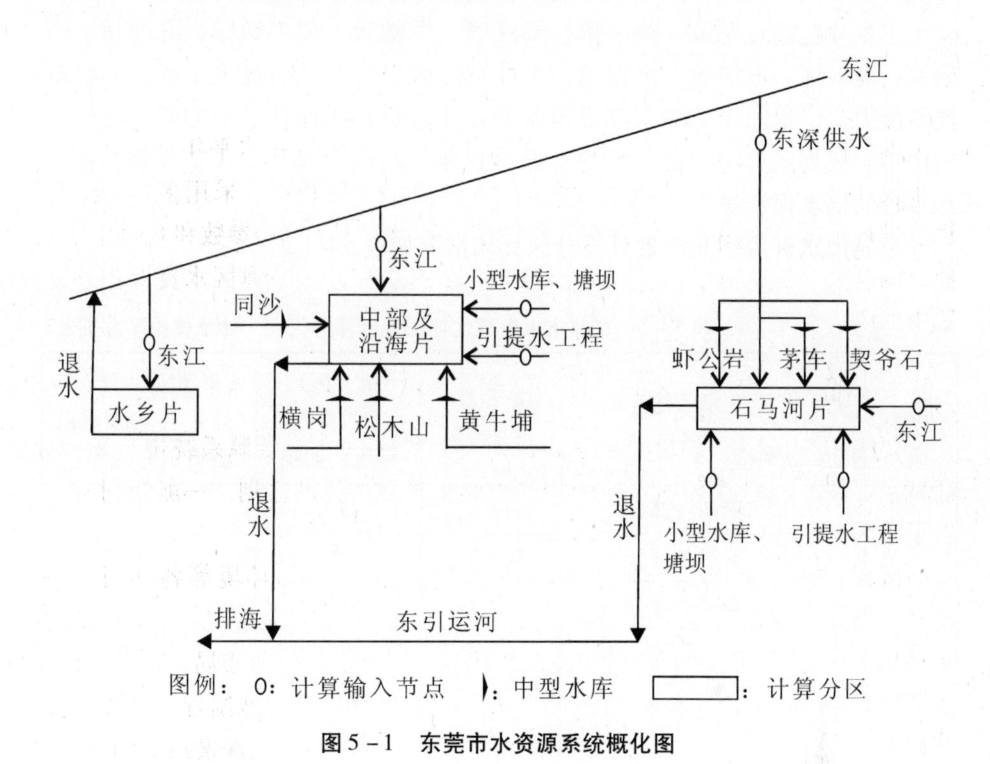

图 5－1　东莞市水资源系统概化图

1. *石马河片*

石马河片包括凤岗、清溪、塘厦、樟木头、谢岗、桥头、企石、石排以及黄江、常平和横沥的一部分（按镇区面积的一半计）。本计算分区水利工程设施包括中型水库（茅车水库、契爷石水库、虾公岩水库），其他小型水库及塘坝，东江引提水工程、东深供水（包括旗岭引水），本地引提水工程。本片配置特点是：已建蓄水工程 60 座，总库容为 11 198 万立方米，对来水具有调蓄能力，加之东深供水保证率较高，本片供水基本能得到满足。

2. *中部及沿海片*

中部及沿海片包括莞城区、南城区、东城区、虎门镇、沙田镇、厚街镇、长安镇、寮步镇、大岭山镇、大朗镇、东坑镇以及黄江、常平、横沥镇的一部分（按一半计）。本计算分区水利工程设施包括中型水库（松木山水库、黄牛埔水库、横岗水库、同沙水库），其他小型水库及塘坝，东江引提水工程，本地引提水工程。该片已有蓄水工程105座，总库容27 847万立方米，规划东江与水库联网调度，蓄丰补枯，充分发挥本地水库调蓄能力较强的优势。

3. 水乡片

水乡片包括石龙镇、茶山镇、万江区、中堂镇、望牛墩镇、麻涌镇、石碣镇、高埗镇、道滘镇、洪梅镇。本计算分区只有东江引提水工程，不具有调蓄能力，供水完全依靠东江过境水的径流过程，在保证供水方面存在较大的困难。规划该片与中部及沿海片联合供水，利用中部片的调蓄库容，提高水乡片的供水保证率。

东莞市水资源优化配置计算分区具体情况如表5－1所示。

表5－1　东莞市水资源优化配置计算分区　（单位：平方千米）

<table>
<tr><th>四级区</th><th>计算分区</th><th>镇（区）名称</th><th>镇（区）面积</th><th>镇（区）在水资源分区的面积</th><th>水资源分区面积</th><th>全市面积</th></tr>
<tr><td rowspan="11">东江</td><td rowspan="11">石马河片</td><td>横沥（部分）</td><td>49.6</td><td>25.0</td><td rowspan="11">853.5</td><td rowspan="11">2 471.5</td></tr>
<tr><td>黄江（部分）</td><td>107.9</td><td>47.9</td></tr>
<tr><td>常平（部分）</td><td>103.2</td><td>51.6</td></tr>
<tr><td>凤岗</td><td>82.5</td><td>82.5</td></tr>
<tr><td>樟木头</td><td>116.7</td><td>116.7</td></tr>
<tr><td>清溪</td><td>139.4</td><td>139.4</td></tr>
<tr><td>塘厦</td><td>128.6</td><td>128.6</td></tr>
<tr><td>谢岗</td><td>90.9</td><td>90.9</td></tr>
<tr><td>桥头</td><td>56.6</td><td>56.6</td></tr>
<tr><td>企石</td><td>58.6</td><td>58.6</td></tr>
<tr><td>石排</td><td>55.7</td><td>55.7</td></tr>
</table>

（续上表）

四级区	计算分区	镇（区）名称	镇（区）面积	镇（区）在水资源分区的面积	水资源分区面积	全市面积
东江三角洲	中部及沿海片	莞城	11.2	11.2	1 165.4	
		虎门	169.4	169.4		
		东城	105.9	105.9		
		南城	56.8	56.8		
		沙田	107.3	107.3		
		厚街	126.1	126.1		
		长安	88.6	88.6		
		寮步	85.7	85.7		
		大岭山	132.7	132.7		
		大朗	118.6	118.6		
		黄江（部分）	107.9	60.0		
		常平（部分）	103.2	51.6		
		横沥（部分）	49.6	24.6		
		东坑	26.9	26.9		
	水乡片	石龙	12.8	12.8	452.6	
		万江	48.6	48.6		
		中堂	59.6	59.6		
		望牛墩	31.6	31.6		
		麻涌	84.2	84.2		
		石碣	36.1	36.1		
		高埗	34.7	34.7		
		道滘	54.4	54.4		
		洪梅	34.0	34.0		
		茶山	56.6	56.6		

二、规划水平年需水量及供水规模

（一）需水量预测

经济社会需水量的预测既受客观环境条件的限制，也受经济发展情况、产业结构状况、城市的发展规模、人口数量和结构以及人民的生活水平等诸多因素的影响，其中，城市发展规模、经济增长速度和人口的控制数量是主要影响因素。需水量预测应遵循以下原则：①科学合理，协调发展；②全面节水，充分利用；③安全保障，适度超前。

1. 生活需水量

生活需水分城镇居民和农村居民两类，可采用用水定额法进行预测。其中，城镇生活需水（包括居民日常生活用水、公共事业用水两部分）定额的确定，可参照《城市居民生活用水量标准》（GB/T 50331—2002）、《城市给水工程规划规范》（GB 50282—98）、《建筑给水排水设计手册》，同时充分考虑东莞市经济社会未来的发展趋势、节水器具推广与普及情况、当地的生活用水习惯以及生活水平提高导致的用水定额增加等因素。农村生活用水（包括农村居民生活用水和牲畜用水两部分）定额可根据研究区历史资料、实际调查并兼顾当地人民生活水平的提高来确定。随着农村居民生活水平的提高，农村居民生活用水定额会逐步提高，但是，一般要低于同一地区的城市居民生活用水定额。

2. 工业需水量

工业需水量按高用水工业、一般工业和火（核）电工业三类用户分别进行预测。其中，高用水工业和一般工业需水采用万元增加值用水量法来预测，火（核）电工业采用单位装机容量（万千瓦）取水量法进行需水预测。万元增加值和单位装机容量取水量的确定参考了《二、三产业用水与节水指标研究》、《取水定额：火力发电》（GB/T 18916. 1—2002），同时还考虑了工业用水的重复利用率、节水水平以及研究区工业未来发展规划。

3. 农业需水量

农业需水包括农田灌溉需水和林牧渔畜需水。规划水平年农田灌溉需水，采用农田灌溉定额与灌溉水利用系数进行综合分析确定，根据广东省水利科学研究所《广东省一年三熟作物灌溉定额》有关成果，采用彭曼公式计算农作物蒸腾蒸发量、扣除有效降雨的方法，计算农作物灌溉净需水量，以作为净灌溉定额，预测出净需水量，并结合东莞市农业灌溉现状和发展预测情况，确定规划水平年农田灌溉定额指标，在此基础上预测农田灌溉需水量。

林牧渔畜需水量包括林果地灌溉、鱼塘补水和牲畜用水等。林果地灌溉采用灌溉定额法预测；鱼塘补水量采用亩均补水定额法计算，亩均补水定额根据鱼塘渗漏量及水面蒸发量与降水量的差值加以确定；牲畜用水则按大、小牲畜用水定额来计算。

4. 生态环境需水量

结合当地水资源开发利用状况、经济社会发展水平、水资源演变情势等，确定切实可行的生态环境保护、修复和建设目标，以现状用水和节水水平为基点，分别进行河道外和河道内的生态环境需水量的预测。其中河道内生态环境需水量，可根据河流生态环境的保护等级，采用蒙大拿法确定；至于河道外生态环境需水量，其计算要素主要包括：绿地、道路浇洒、林地等生态需水量，可根据不同生态类型区面积、发展目标及对应的用水定额来确定。

根据上述预测方法，计算东莞市 2020 年三种降雨频率下（$p=50\%$、75% 和 95%）生活、工业、农业、生态环境各部门需水量，其结果如表 5－2 所示。

表 5－2　2020 年不同降雨频率下东莞市及各分区不同部门需水量

（单位：万立方米）

分区	降雨频率	生活	工业	农业	生态	合计
石马河片	50%	22 427	33 340	6 371	848	62 986
	75%	22 427	33 340	6 340	848	62 955
	95%	22 427	33 340	6 321	848	62 936
中部及沿海片	50%	39 461	56 435	10 283	1 327	107 506
	75%	39 461	56 435	10 249	1 327	107 472
	95%	39 461	56 435	10 255	1 327	107 478
水乡片	50%	15 745	59 857	6 837	282	82 721
	75%	15 745	59 857	6 850	282	82 734
	95%	15 745	59 857	6 842	282	82 726
全市	50%	77 633	149 632	23 491	2 457	253 213
	75%	77 633	149 632	23 439	2 457	253 161
	95%	77 633	149 632	23 418	2 457	253 140

（二）区域水源供水规模及用户

东莞市水资源开发利用的总体规划重点是进行扩建、挖潜配套、除险加固现有工程，探索和研究东江与当地已建蓄水工程的联合调度模式，最大限度地利用蓄水工程的调节能力，力求实现以丰补枯、互相调剂、灵活沟通、调配自如、优化配置的长远战略目标。

未来水平年东莞市的供水格局仍以东江为主要水源，但东江来水不均，丰、枯变化大，且易受咸潮影响。对博罗站1956年4月—2000年3月逐月来水过程进行还原并扣除规划水平年东江上游河源、惠州耗水量及深圳东部引水、东深供水量后，50%、75%和95%降雨频率下东莞的东江入境水可利用量分别为95.35亿立方米、56.16亿立方米、16.77亿立方米。可见在比较枯的年份东莞市的入境水可利用量较少，因此，对于有蓄水工程的石马河、中部及沿海片，应充分利用本地蓄水工程，加大当地水资源的利用力度，而对于水乡片则应研究挡潮拒咸或海水淡化工程措施，构建一个既能充分利用当地水资源，又能引用和存蓄部分东江丰水资源，调剂枯水，必要时挡潮拒咸，再辅以污水处理回用等多水源的供水系统。规划水平年的水源由水厂、水库群联网、蓄水工程、引水工程、挡潮拒咸工程、地下水和污水回用等部分组成。各分区内的水源均为独立水源，供水用户包括生活、工业、农业和生态环境，不同水源的用水部门也不尽相同。

1. *石马河片*

该分区目前的供水水源有蓄水工程、东江引提水工程、东深供水（包括旗岭引水）、本地引提水工程、地下水和自备水。本片蓄水工程具有调蓄能力，加上东深供水的保证，且东江干流沿岸取水口在上游，不受咸潮影响，因而供水保证程度较高。未来水平年2020年将规划新增污水回用措施，并扩大水厂和东深供水的取水规模。

2020年，石马河片各种水源的供水能力及用水部门如表5－3所示。

表5－3　2020年石马河片各种水源可供水量及其用户

水源	水厂（万吨/天）	东深供水（亿立方米/年）	地下水（万立方米/年）	污水回用（万立方米/年）	引水工程（万立方米/年）	水库（万立方米/年）	自备水（万立方米/年）
供水能力	52.6	4	468	823	2 790	8 750	432
用水部门	生活、工业、生态	生活、工业、农业、生态	工业	农业、生态	生活、工业、农业、生态	生活、工业、农业、生态	生活、工业

2. 中部及沿海片

该分区供水工程规划是：以东江为主要水源，适度增加蓄水能力，对已有水库扩建增容，新建河道水库、小型水库等，在增加对本地水资源利用量的同时，增加蓄水工程对东江丰水资源的利用能力；根据地形地貌条件，结合现有水库的分布，将本片区内已建的中型水库及小型水库共九座水库联通，即东江与水库联网供水水源工程；此外，为缓解本片用水紧张的局面，研究实施节水治污和污水处理后回用措施。2020 年中部及沿海片各种水源的供水能力及用水部门如表 5 –4 所示。

表 5 –4　2020 年中部及沿海片各种水源可供水量

水源	水厂（万吨/天）	东江与水库联网（立方米/秒）	地下水（万立方米/年）	污水回用（万立方米/年）	引水工程（万立方米/年）	水库（万立方米/年）	自备水（万立方米/年）
供水能力	120	24	122	9 601	2 325	21 207	5 772
用水部门	生活、工业、生态	生活、工业、农业、生态	工业	农业、生态	生活、工业、农业、生态	生活、工业、农业、生态	生活、工业

3. 水乡片

水乡片供水工程规划为：新建蓄水工程（如淡水湖或小型水库）与中部及沿海片联合供水，利用中部片的调蓄库容，提高水乡片的供水保证率；此外，规划在东江下游网河区建设拒咸工程，避免咸潮上溯，改善东莞市区及沿途水环境，同时可以抬高水位，增加调蓄能力；另外，根据本片用水紧张、水源单一的现实，研究实施节水治污和污水处理后回用措施。2020 年水乡片各种水源的供水能力及用水部门如表 5 –5 所示。

表 5 –5　2020 年水乡片各种水源可供水量

水源	水厂（万吨/天）	地下水（万立方米/年）	污水回用（万立方米/年）	引水工程（万立方米/年）	水库（万立方米/年）	自备水（万立方米/年）
供水能力	152. 8	12	22 688	6 713	1 045	9 995
用水部门	生活、工业、生态	工业	农业、生态	生活、工业、农业、生态	生活、工业、农业、生态	生活、工业

三、东莞市水资源优化配置

（一）目标和约束条件

东莞市是发达的珠三角城市之一，改革开放以来其经济一直保持着较高的增长速度，但经济快速发展的同时造成了环境污染和生态破坏，目前东莞市当地水源河流水系受到了相当严重的污染，几乎有水皆污，大部分已不能作为生活饮用水源，只能作为农业用水，而水库的水质状况也不容乐观。当地水体的污染在一定程度上造成了东莞市的水质性缺水。

未来东莞市的发展，经济发展依然是个重要的目标，但要实现区域可持续发展，经济发展不是唯一的目标，而是要实现人口、资源、环境、经济的协调发展。因此，本书的水资源优化配置选择三个子目标：经济效益、社会效益、环境生态效益，具体目标分别为区域有限的水资源产生的国内生产总值最大、区域供水系统相对总缺水量最小、区域废水排放量最小。水资源优化配置的总体目标是实现区域综合效益最好。经济、社会和环境生态目标的具体表达式见第三章第二节中的“多目标问题和约束条件分析”。

模型的约束条件包括：各用水部门的需水量约束、各分区的水源可供水量约束、东江可利用水约束、水库的水量平衡约束、水库死库容约束、河道污染物 COD 的水环境容量约束、变量非负约束。约束条件的具体形式如第三章第二节中的“多目标问题和约束条件分析”所列。

（二）模型参数的选取

1. 各子区每立方米水产生的国内生产总值（c_k）

k 子区每立方米水产生的国内生产总值（c_k）可根据子区用水量（w_k）和该子区产生的国内生产总值（GDP_k）来确定，即 $c_k = GDP_k / w_k$。

2. 用水部门重要程度系数［$\alpha(k, i)$］

$\alpha(k, i)$（$i=1, 2, 3, 4$）分别为 k 子区生活、工业、农业、环境生态用水部门相对其他用水部门优先得到供给水资源的重要程度系数，与水源供水次序有关。可参照下式确定：

$$\alpha(k,i) = \frac{1 + n_{\max}^{k} - n(k,i)}{\sum_{i=1}^{4}\left[1 + n_{\max}^{k} - n(k,i)\right]} \tag{5-1}$$

式中 $n(k, i)$ 为 k 子区水源供给各用户的次序序号，$n_{\max}^{k}$ 为 k 子区水源供给用户的次序的最大值。

根据用户的性质和重要性，确定用户优先得到供给的次序为：生活用水、生态环境用水、工业用水、农业用水。

3. 目标权重系数

目标权重系数 w_i（$i=1, 2, 3$）为第 i 个目标相对其他目标而言的重要性程度，可用层次分析法（AHP）或 DELPHI 方法确定权重。针对东莞市的具体情况，采用层次分析法拟定经济目标权重系数 $w_1=0.4$，社会目标权重系数 $w_2=0.4$，生态目标权重系数 $w_3=0.2$。决策过程中各目标权重系数可与决策者协商交互确定。

4. 废水和 COD 排放的相关参数、COD 综合入河系数

污染物排放涉及的参数包括生活和工业污水排放系数、生活污水处理率、工业废水处理排放达标率、未处理的废污水 COD 浓度和处理后废污水 COD 出水浓度。本次研究参考广东省水资源综合规划及东莞市水资源综合规划中的相关成果，参数具体取值如表 5-6 所示。

表 5-6　废污水及 COD 排放相关参数取值

生活污水				工业废水			
污水排放系数	处理率	处理前 COD 排放浓度（mg/L）	处理后 COD 出水浓度（mg/L）	废水排放系数	处理后排放达标率（%）	处理前 COD 排放浓度（mg/L）	处理后 COD 出水浓度（mg/L）
0.7	0.95	250	30	0.8	100	400	80

规划水平年 2020 年 COD 的综合入河系数，统一取 0.8。

5. 需水量上下限

（1）生活需水量上下限。

生活用水涉及人类基本的生存需要，生活用水在水资源配置中必须予以保证，其上下限均取为生活需水量。即

$$D_{1\min}(t,k)=D_{1\max}(t,k)=D_1(t,k) \tag{5-2}$$

其中 $D_1(t, k)$ 为规划水平年生活需水量。

（2）工业需水量上下限。

考虑工业用水特征，工业用水上下限分别按下式取值：

$$\begin{cases} D_{2\min}(t,k)=0.9D_2(t,k) \\ D_{2\max}(t,k)=D_2(t,k) \end{cases} \tag{5-3}$$

其中 $D_2(t,\ k)$ 为规划水平年工业需水量。

(3) 农业需水量上下限。

考虑到粮食安全等因素，第一产业的需水要求不能无限制地被其他行业挤占，其用水上下限按下式取值：

$$\begin{cases} D_{2\min}(t,k) = 0.7D_3(t,k) \\ D_{3\max}(t,k) = D_3(t,k) \end{cases} \tag{5-4}$$

其中 $D_3(t,\ k)$ 为规划水平年农业需水量。

(4) 生态环境需水量上下限。

考虑到人们对环境用水的重视，环境用水上下限均取为环境需水量。即

$$D_{4\min}(t,k) = D_{4\max}(t,k) = D_4(t,k) \tag{5-5}$$

其中 $D_4(t,\ k)$ 为规划水平年生态环境需水量。

(三) 模型的求解和结果分析

1. 模型的求解方法

东莞市水资源优化配置问题是一个规模较大、结构复杂、影响因素众多的大系统优化问题，它具有多目标、多约束、非线性等特点，传统的求解方法受到了模型复杂程度的限制，因此难以有效地求解该问题。而遗传算法不要求问题具有线性、连续、凸性等条件，它的鲁棒性强、全局优化能力强、搜索效率高等优点，使它在解决大系统、多目标问题时具有巨大的优势。为使遗传算法适用于求解区域水资源优化配置问题，需要对遗传算法进行改进，第四章介绍的改进的遗传算法是在基本遗传算法的基础上采用浮点数编码、混合遗传算子，并利用一种新的惩罚函数处理多约束条件。经测试，该算法具有良好的性能，能较好地求解多约束、非线性的多目标优化问题。因此，东莞市水资源优化配置模型采用第四章阐述的改进遗传算法来求解，求解步骤如第四章第四节所述。

遗传算法中相关参数的选取对其性能及求解结果都有着较大的影响，其中涉及的主要参数有：初始种群 n_{pop}，杂交概率 p_c，简单杂交、算术杂交和启发式杂交的分配概率 p_{c_1}，p_{c_2} 和 p_{c_3}，变异概率 p_m，均匀变异、非均匀变异和边界变异的分配概率 p_{m_1}，p_{m_2} 和 p_{m_3}，惩罚函数中的参数 afa，p 和 C。这些参数需要经过多次的调试来确定，本次研究各参数的选取如表 5-7。

表 5－7　遗传算法参数选取表

<table>
<tr><td colspan="2">初始种群 n_{pop}</td><td>20</td><td rowspan="3">杂交分配概率</td><td>简单杂交</td><td>0.20</td></tr>
<tr><td colspan="2">杂交概率 p_c</td><td>1.00</td><td>算术杂交</td><td>0.40</td></tr>
<tr><td colspan="2">变异概率 p_m</td><td>0.15</td><td>启发式杂交</td><td>0.40</td></tr>
<tr><td rowspan="3">惩罚因子</td><td>afa</td><td>0.80</td><td rowspan="3">变异分配概率</td><td>均匀变异</td><td>0.20</td></tr>
<tr><td>p</td><td>5</td><td>非均匀变异</td><td>0.30</td></tr>
<tr><td>C</td><td>10 000</td><td>边界变异</td><td>0.50</td></tr>
</table>

2. 优化配置结果及分析

以东莞市规划水平年 2020 年的不同来水保证率（$P=50\%$、$P=75\%$ 和 $P=95\%$）的供需水情况为依据，拟定模型参数，输入数据，运行已编制的微机程序，可求得东莞市水资源优化配置成果，如表 5－8 至 5－10 所示，三个子区不同水源供给各个用户的水量见附表 5－1～5－3。现从区域缺水量、优化配置目标和效果、适用性等方面进行分析。

（1）缺水量分析。

就全市而言，在规划供水格局下，平水年（$P=50\%$）、中等干旱年（$P=75\%$）东莞市的缺水量分别为 219 万立方米、515 万立方米，各个用户的供水保证率高，用水能得到满足，基本不缺水。而在较枯年份（$P=95\%$），东莞市的缺水量为 15 856 万立方米，缺水率为 6.26%，尽管存在一定的缺水，但缺水不严重，各个部门的用水基本能得到满足。相对于平水年（$P=50\%$）和中等干旱年（$P=75\%$），东莞市在较枯年份（$P=95\%$）下的缺水量明显增大，这是因为东莞市的供水很大程度上依赖于东江过境水，而东江径流年际变化大，枯水年其径流量较小，从而导致东莞市的东江过境水可利用量也小。

就分区而言，三个分区中供水保证率最高的是石马河片，而相对较为缺水的为水乡片。$P=50\%$ 和 $P=75\%$ 下，石马河和中部及沿海片都不缺水，水乡片则存在少量缺水；$P=95\%$ 下，石马河片、中部及沿海片和水乡片都存在一定的缺水，缺水率分别为 4.72%、6.13% 和 7.61%，其中水乡片在三个分区中缺水最为严重。这主要因为石马河片和中部片的蓄水工程具有调蓄能力，加上石马河片有东深供水、中部片有水库联网供水的保证，且东江干流沿岸取水口不受下游咸潮影响，因而供水保证程度较高。而水乡片主要依靠水厂供水，本地调蓄库容有限，同时东江取水受下游咸潮影响，供水保证率也受因此到了影响。

就用水部门而言，生活和生态用水在三种来水频率下都不缺水，工业用水的保证率在90%以上，农业用水保证率在70%以上。这符合各用户需水量的上下限约束设置，也体现了不同用户的性质及重要程度所要求满足的供水保证程度。枯水年份（$P=95\%$）主要的缺水部门为工业和农业，其中工业的缺水率为6.82%，农业的缺水率较大，为24.14%。

工业缺水的原因是东莞市工业发达，工业用水量占总用水量的60%左右，工业用水量大但用水重复率不高，因此解决工业缺水的主要途径，一是重点抓好火力发电、纺织印染、化工、制浆和造纸等高耗水行业的节水工作，大力推广工业节水新技术、新工艺、新设备，推进节水技术改造，提高工业用水重复利用率；二是加大水利工程建设投入，提高地表水源的供水能力和污水回用量；三是保持以电子信息、电器机械、纺织服装等行业在区域竞争中的领先地位，大力发展高新技术产业、绿色制造业和信息产业，运用新技术改造传统产业，加快产业结构优化升级，降低单位产值的用水量，提高水的生产效率。

农业缺水的主要原因是其灌溉水源较为单一，主要为水库水和河涌，而且农田灌溉水有效利用系数不高，因此解决农业缺水的主要措施是：以种植业节水为主，进行灌溉设施技术更新改造，以提高灌溉水利用系数；同时结合非工程措施，在工程管理上实行用水总量控制，加强定额管理，推广节水灌溉制度和农业节水先进技术。

总体来说，由于规划水平年多种水源（水厂、水库群联网、蓄水工程、引水工程、污水回用等）的供水，不同频率下全市以及不同分区各个部门的用水基本能得到满足，缺水量不大。

表5-8　东莞市2020年50%来水频率水资源优化配置结果

（单位：万立方米）

分区	分项	生活	工业	农业	生态	合计
石马河片	供水量	22 427	33 340	6 371	848	62 986
	需水量	22 427	33 340	6 371	848	62 986
	缺水量	0	0	0	0	0
	缺水率（%）	0.00	0.00	0.00	0.00	0.00
中部及沿海片	供水量	39 461	56 435	10 283	1 327	107 506
	需水量	39 461	56 435	10 283	1 327	107 506
	缺水量	0	0	0	0	0
	缺水率（%）	0.00	0.00	0.00	0.00	0.00

（续上表）

分区	分项	生活	工业	农业	生态	合计
水乡片	供水量	15 745	59 857	6 619	282	82 503
	需水量	15 745	59 857	6 837	282	82 721
	缺水量	0	0	218	0	218
	缺水率（%）	0.00	0.00	3.19	0.00	0.26
全市	供水量	77 633	149 632	23 273	2 457	252 995
	需水量	77 633	149 632	23 491	2 457	253 213
	缺水量	0	0	218	0	218
	缺水率（%）	0.00	0.00	0.93	0.00	0.09

表5－9　东莞市2020年75%来水频率水资源优化配置结果

（单位：万立方米）

分区	分项	生活	工业	农业	生态	合计
石马河片	供水量	22 427	33 340	6 340	848	62 955
	需水量	22 427	33 340	6 340	848	62 955
	缺水量	0	0	0	0	0
	缺水率（%）	0.00	0.00	0.00	0.00	0.00
中部及沿海片	供水量	39 461	56 435	10 249	1 327	107 472
	需水量	39 461	56 435	10 249	1 327	107 472
	缺水量	0	0	0	0	0
	缺水率（%）	0.00	0.00	0.00	0.00	0.00
水乡片	供水量	15 745	59 857	6 345	282	82 229
	需水量	15 745	59 857	6 850	282	82 734
	缺水量	0	0	505	0	505
	缺水率（%）	0.00	0.00	7.4	0.00	0.61
全市	供水量	77 633	149 632	22 934	2 457	252 656
	需水量	77 633	149 632	23 439	2 457	253 161
	缺水量	0	0	505	0	505
	缺水率（%）	0.00	0.00	2.20	0.00	0.20

表 5－10　东莞市 2020 年 95% 来水频率水资源优化配置结果

（单位：万立方米）

分区	分项	生活	工业	农业	生态	合计
石马河片	供水量	22 427	31 242	5 451	848	59 968
	需水量	22 427	33 340	6 321	848	62 936
	缺水量	0	2098	870	0	2 968
	缺水率（%）	0.00	6.71	15.96	0.00	4.94
中部及沿海片	供水量	39 461	52 757	7 340	1 327	100 885
	需水量	39 461	56 435	10 255	1 327	107 478
	缺水量	0	3 678	2 915	0	6 593
	缺水率（%）	0.00	6.52	28.43	0.00	6.13
水乡片	供水量	15 745	55 431	4 973	282	76 431
	需水量	15 745	59 857	6 842	282	82 726
	缺水量	0	4 426	1 869	0	6 295
	缺水率（%）	0.00	7.39	27.32	0.00	7.61
全市	供水量	77 633	139 430	17 764	2 457	237 284
	需水量	77 633	149 632	23 418	2 457	253 140
	缺水量	0	10 202	5 654	0	15 856
	缺水率（%）	0.00	6.82	24.14	0.00	6.26

（2）优化配置目标分析。

东莞市水资源优化配置模型，设置了三个目标：经济效益、社会效益、环境生态效益，即区域有限的水资源产生的国内生产总值最大、区域供水系统相对总缺水量最小、区域废水排放量最小，这是一个多目标优化问题。表 5－11 是该市水资源优化配置输出的三个优化目标值的计算成果。

表 5-11　东莞市水资源优化配置目标值

水平年	来水频率	经济效益 f_1（AW）（亿元）	社会效益 f_2（AW）	环境生态效益 f_3（AW）（亿吨）
2020	50%	7 975.88	0.000 1	17.36
	75%	7 967.13	0.000 5	17.36
	95%	7 491.47	0.011 3	16.59

由表 5-11 可知，当来水频率由 $P=50\%$ 至 $P=95\%$ 变化时，区域内水资源产生的国内生产总值变小，相对总缺水量增大，而生活、工业废水排放量呈减小趋势（其中频率为 50% 和 75% 时，区域废水排放量相等是由于两种频率下生活和工业用户都不缺水的缘故）。可见某一目标的改善（如废水排放量减少），是以牺牲其他目标的利益（即水资源产生的国内生产总值减小，相对总缺水量增加）为代价的。各目标权益之间是相互矛盾、相互竞争的。

东莞市水资源优化配置模型输出的三个优化目标值，反映了优化配置的效益。鉴于优化配置是多目标决策问题，其优化成果是权衡经济、环境、社会多目标的协调解（非劣解），体现了可持续发展的思想和原则。这与常规的仅以缺水量最小或经济效益最大为目标的供需平衡分析有原则性的区别。

（3）适用性分析。

本书采用优化与模拟相结合的方法，模拟计算了东莞市规划水平年 2020 年三个保证率条件下区域水资源优化配置状况。优化配置方案是多种多样的，表 5-12～5-14 输出的优化配置成果仅是其中的一个方案。若输入的数据、资料、信息等条件发生变化，或模型参数与决策者协调改变时，便可运行已编制的计算机程序，求出相应的优化配置成果。此模型与算法具有适用性和可操作性。

综上所述，东莞市水资源优化配置体现了可持续发展思想和优化配置模型的要求，其模型与方法是有效的、可行的，优化配置成果是合理的。此优化配置模型与成果，可为该市水资源可持续利用规划与管理提供决策依据。

表 5-12　东莞市 2020 年 50% 水源供水量配置结果

（单位：万立方米）

分区	水源	生活	工业	农业	生态	合计
石马河片	水厂	9 400	8 178	0	295	17 873
	东深供水	10 286	17 725	5 028	341	33 380
	引水工程	96	2 479	107	1	2 683
	蓄水工程	2 644	4 301	1 237	5	8 187
	污水回用	0	112	0	206	318
	自备水	0	76	0	0	76
	地下水	0	468	0	0	468
	总供水量	22 426	33 339	6 372	848	62 985
	需水量	22 427	33 340	6 371	848	62 986
	缺水量	0	0	0	0	0
中部及沿海片	水厂	23 122	6 084	0	1	29 207
	东江与水库联网	14 258	17 317	8 125	0	39 700
	引水工程	756	1 490	43	0	2 289
	蓄水工程	1 303	17 668	2 115	0	21 086
	污水回用	0	8 007	0	1 326	9 333
	自备水	23	5 747	0	0	5 770
	地下水	0	122	0	0	122
	总供水量	39 462	56 435	10 283	1 327	107 507
	需水量	39 461	56 435	10 283	1 327	107 506
	缺水量	0	0	0	0	0
水乡片	水厂	14 540	25 174	0	33	39 747
	引水工程	77	3 263	3 132	192	6 664
	蓄水工程	989	1 516	3 486	9	6 000
	污水回用	0	22 335	0	48	22 383
	自备水	139	7 558	0	0	7 697
	地下水	0	12	0	0	12
	总供水量	15 745	59 858	6 618	282	82 503

（续上表）

分区	水源	生活	工业	农业	生态	合计
	需水量	15 745	59 857	6 837	282	82 721
	缺水量	0	0	219	0	219
全市	供水量	77 632	149 632	23 273	2 457	252 994
	需水量	77 633	149 632	23 491	2 457	253 213
	缺水量	0	0	219	0	219
	COD 入河量：94 127 吨			COD 水环境容量：98 397 吨		

表 5－13　东莞市 2020 年 75% 水源供水量配置结果

（单位：万立方米）

分区	水源	生活	工业	农业	生态	合计
石马河片	水厂	8 524	7 864	0	30	16 418
	东深供水	12 988	16 430	4 316	0	33 734
	引水工程	290	2 287	41	60	2 678
	蓄水工程	586	5 764	1 982	287	8 619
	污水回用	0	258	0	471	729
	自备水	39	269	0	0	308
	地下水	0	468	0	0	468
	总供水量	22 427	33 340	6 339	848	62 954
	需水量	22 427	33 340	6 340	848	62 955
	缺水量	0	0	0	0	0
中部及沿海片	水厂	20 684	21 122	0	21	41 827
	东江与水库联网	13 029	18 454	626	228	32 337
	引水工程	4	829	1 045	1	1 879
	蓄水工程	5 185	4 205	8 577	19	17 986
	污水回用	0	7 257	0	1 058	8 315
	自备水	558	4 446	0	0	5 004
	地下水	0	122	0	0	122
	总供水量	39 460	56 435	10 248	1 327	107 470

（续上表）

分区	水源	生活	工业	农业	生态	合计
	需水量	39 461	56 435	10 249	1 327	107 472
	缺水量	0	0	0	0	0
水乡片	水厂	9 451	32 599	0	0	42 050
	引水工程	6 197	150	366	0	6 713
	蓄水工程	2	15	5 979	3	5 999
	污水回用	0	17 269	0	278	17 547
	自备水	95	9 812	0	0	9 907
	地下水	0	12	0	0	12
	总供水量	15 745	59 857	6 345	281	82 228
	需水量	15 745	59 857	6 850	282	82 734
	缺水量	0	0	505	0	505
全市	供水量	77 632	149 632	22 932	2 456	252 652
	需水量	77 633	149 632	23 439	2 457	253 161
	缺水量	0	0	505	0	505
	COD 入河量：94 127 吨			COD 水环境容量：98 397 吨		

表 5－14　东莞市 2020 年 95% 水源供水量配置结果

（单位：万立方米）

分区	水源	生活	工业	农业	生态	合计
石马河片	水厂	8 003	10 714	0	1	18 718
	东深供水	12 532	14 865	1 659	838	29 894
	引水工程	388	0	515	1	904
	蓄水工程	1 402	4 069	3 277	1	8 749
	污水回用	0	817	0	6	823
	自备水	102	308	0	0	410
	地下水	0	468	0	0	468
	总供水量	22 427	31 241	5 451	847	59 966
	需水量	22 427	33 340	6 321	848	62 936
	缺水量	0	2 098	870	0	2 968

（续上表）

分区	水源	生活	工业	农业	生态	合计
中部及沿海片	水厂	9 406	12 983	0	576	22 965
	东江与水库联网	20 381	17 964	845	79	39 269
	引水工程	1 682	3	364	172	2 221
	蓄水工程	7 951	7 115	6 131	11	21 208
	污水回用	0	9 005	0	489	9 494
	自备水	41	5 566	0	0	5 607
	地下水	0	122	0	0	122
	总供水量	39 461	52 758	7 340	1 327	100 886
	需水量	39 461	56 435	10 255	1 327	107 478
	缺水量	0	3 678	2 915	0	6 593
水乡片	水厂	11 281	22 462	0	192	33 935
	引水工程	2 094	1 552	1 700	14	5 360
	蓄水工程	51	2 661	3 273	16	6 001
	污水回用	0	22 628	0	60	22 688
	自备水	2 320	6 116	0	0	8 436
	地下水	0	12	0	0	12
	总供水量	15 746	55 431	4 973	282	76 432
	需水量	15 745	59 857	6 842	282	82 726
	缺水量	0	4 426	1 869	0	6 295
全市	供水量	77 634	139 430	17 764	2 456	237 284
	需水量	77 633	149 632	23 418	2 457	253 140
	缺水量	0	10 202	5 654	0	15 856
	COD 入河量：89 212 吨			COD 水环境容量：98 397 吨		

第六章　总结与展望

本书在综述国内外水资源优化配置的基础上，主要以南方滨海区东莞市为对象，对该地区的水资源优化配置思路和特点进行了探究，在一定程度上丰富了区域水资源优化配置内容，并针对地区的水资源系统的特点建立起了大系统、多目标的水资源优化配置模型，采用改进的遗传算法来求解模型，发展了多目标优化理论与方法，促进了新的理论与算法（GA）在水资源系统中的实际应用。

一、主要研究成果

（1）具体阐述了研究区域东莞市的水资源及其开发利用特点，从水资源优化配置的任务、原则、目标出发，有针对性地提出了具有地方特色的水资源配置对策与思路，分析了该地区水资源配置中的水资源系统网络、枯水期的供需水矛盾、水环境污染以及生态用水等特点，对于南方滨海区的水资源优化配置具有一定的指导意义。

（2）阐述了水资源系统的内涵及其分析的方法与步骤，具体分析了南方滨海区的水资源系统的特点，在区域水资源系统分析的基础上建立了适用于南方滨海区的多目标、多约束的水资源优化配置模型。

（3）针对水资源优化配置模型规模大、结构复杂、影响因素众多、非线性等特点，引进了遗传算法来求解。本书深入分析了遗传算法的优点和不足，在此基础上对该算法进行了编码、遗传算子以及惩罚函数的改进，即采用浮点数编码、混合遗传算子和一种新的惩罚函数，数值优化测试表明改进的遗传算法具有良好的性能，在优化测试中取得了满意的结果。本书在改进的遗传算法的基础上，进一步提出了基于权重系数的多目标遗传算法，并结合区域水资源优化配置模型的特点，给出了基于目标权重的多目标遗传算法求解该模型的具体步骤，不仅拓展了遗传算法的应用领域，而且也为区域水资源优化配置提供了一种新方法。

（4）以东莞市为研究对象，对该区域进行了合理的水资源分区，预测了区域的未来水平年（2020 年）的供需水情况，建立了该市水资源优化配置模型，分析确定了模型参数，编制了计算机程序，并运用基于目标权重的多目标遗传算法来求解。经验证，模型合理，算法有效，优化配置成果为该市水资源可持续利用规划与管理提供了决策依据。

二、展　望

区域水资源优化配置模型是大系统多目标优化问题，尤以决策变量和约束条件多而复杂为其特色。目前，遗传算法（GA）在区域水资源优化配置模型中的应用研究不多，实际应用更少。本书在这方面进行了初步探讨与研究。由于该课题涉及面宽、理论复杂，以及在时间、资料、研究手段和作者水平等方面有诸多限制，因此文书所做工作还不充分，取得的成果有待进一步完善与提高。今后需要进一步研究的重点内容有：

（1）本书对南方滨海区的水资源优化配置理论和思路作了初步的探索和研究，但要形成类似北方水资源优化配置的经典结论和思维模式，开发一套具有南方滨海区特色的、有效的水资源优化配置理论和思路，还需要不断探索和深入研究。

（2）社会目标、环境目标的度量。社会目标、环境目标的具体量化一直是个比较棘手的问题，不同的学者可能会选择不同的度量形式。本书将区域相对缺水量最小、区域废污水排放量最小分别作为社会目标、环境目标的一种度量，这是一种采用代理属性间接评价目标实现程度的度量方法。如何合理确定目标的量化方法，有待进一步深入研究。

（3）遗传算法理论与应用研究。GA 存在收敛速度慢、易早熟、控制参数难以确定等不足。在水资源优化配置研究应用中，GA 显示出一定的优越性，书中对 GA 进行了改进，也深入研究了多目标遗传算法在复杂约束系统中的应用，但由于水资源优化配置模型的决策变量、约束条件和目标函数较多，GA 求解速度还是比较慢，效率不够理想，因此，对 GA 理论和应用有待进一步研究。